Wirklichkeitsblinde
in Wissenschaft und Technik

Abwehr
der unter diesem Titel erschienenen Streitschrift von A. Riedler
und der Streitschrift
„Theorie und Wirklichkeit bei Triebwerken und Bremsen"
von St. Löffler

von

Eugen Meyer
Charlottenburg

Springer-Verlag Berlin Heidelberg GmbH
1920

ISBN 978-3-662-42182-6 ISBN 978-3-662-42451-3(eBook)
DOI 10.1007/978-3-662-42451-3

Vorwort.

Seit der Rückkehr der Kriegsteilnehmer aus dem Felde liegt zunächst den Professoren unserer Abteilung, die wie ich für die ersten Semester tätig sind, die schwere und verantwortungsvolle Aufgabe vor, trotz der fast übergroßen, das halbe Tausend weit übersteigenden Zahl von Kursteilnehmern und trotz der stark verkürzten, in raschem Wechsel aufeinander folgenden Semester und Zwischensemester, ihren Unterricht möglichst fruchtbringend zu gestalten und damit ohne viele Worte in aufopfernder Tätigkeit die im Augenblick wichtigste Forderung der „Hochschulreform" zu erfüllen, nämlich den eigenen Unterricht den neuen Verhältnissen anzupassen. Denn vor allem kommt es darauf an, was der einzelne Lehrer in positiver Arbeit an seinen Studierenden leistet. Durch solche Tätigkeit seit einem Jahr mit meiner ganzen Arbeitskraft in Anspruch genommen, mußte ich mir die Zeit zu der folgenden Erwiderung geradezu abringen. Wollte ich auf die „Widerlegungen", die Herr Löffler den Ausführungen meines in amtlichem Auftrag erstatteten Gutachtens über ein Buch von ihm hat zuteil werden lassen, schweigen, so müßte es demjenigen, der nicht selbst zu prüfen in der Lage ist, den Eindruck erwecken, daß ich in der Tat widerlegt wäre und damit würden auch die in der Form so heftigen Riedlerschen Angriffe in der Sache als berechtigt erscheinen.

Daß ich mich in der Erwiderung bei meinen wissenschaftlichen Ausführungen darauf beschränkt habe, die Richtigkeit meines Gutachtens und die Widersprüche in den Anschauungen des Herrn Löffler nachzuweisen, und darüber hinausgehend eigene wissenschaftliche Untersuchungen an dieser Stelle nicht gebracht habe, wird man berechtigt finden, wenn man von Art und Ton der wissenschaftlichen Erörterungen der Gegenseite Kenntnis genommen hat.

Charlottenburg, den 28. Februar 1920.

Eugen Meyer.

1.

Die beiden Streitschriften befassen sich mit Gutachten über das Buch „Triebwerke und Bremsen von St. Löffler, München und Berlin, Verlag von R. Oldenbourg, 1912"*), die der Reihe nach von mir, von den Herren Professoren Prandtl, Göttingen, Weber und Gümbel, Charlottenburg, geliefert worden sind. Ich muß daher kurz den Tatbestand darlegen.

Im Frühjahr 1918 wurde die Abteilung von dem vorgesetzten Herrn Minister aufgefordert, zu einer dem Herrn Professor Dr. Löffler, damals Privatdozenten an der Charlottenburger Hochschule und Konstruktions-Ingenieur des Herrn Geheimrat Professor Dr. Riedler, zugedachten Ehrung durch Ernennung zum ord. Honorarprofessor Stellung zu nehmen (W. Bl. S. 27). Die Abteilung hatte sich daher in gleicher Weise wie bei einer Berufungsangelegenheit pflichtmäßig mit der Person und den wissenschaftlichen Leistungen des Herrn Löffler zu befassen, und beauftragte mich mit einem Gutachten über das obenerwähnte Buch des Herrn Löffler, das ich im Juni 1918 erstattet habe. Die Abteilung war sich nach früheren Erfahrungen von Anfang an bewußt, wie schwer der Kampf mit Herrn Riedler werden müßte, und mit welchen Mitteln Rerr Riedler den Kampf führen würde, wenn das Gutachten zu einer ungünstigen Beurteilung des Löfflerschen Buches käme. Da es der Abteilung auf eine durchaus sachliche Stellungnahme zu dem Buche ankam, so wurde in ihr der nicht von mir stammende Gedanke in Anwesenheit des Herrn Riedler erörtert, hervorragende Vertreter der Mechanik an anderen Hochschulen, denen sicher persönliche Gründe gegen Herrn Löffler oder gegen Herrn Riedler nicht nachzusagen wären, zu einer Äußerung zu dem Buche und meinem Gutachten zu veranlassen. Dieser Plan kam aber nicht zur Ausführung. Bei der schweren Verant-

---
*) Ich führe im folgenden die Streitschrift des Herrn Riedler als „W. Bl.", die beiden Veröffentlichungen des Herrn Löffler als „Buch" und als „Streitschrift" an.

wortung, die ich mit dem Gutachten auf mich nehmen mußte, hielt ich es für meine Pflicht, es vor seiner Abgabe an die Abteilung einem außerhalb der Hochschule stehenden, also von den persönlichen Vorgängen ganz unbeeinflußten Berliner Fachmann mit der Bitte um kritische Durchsicht vorzulegen, was streng vertraulich geschah. In der gleichen Weise habe ich es gelegentlich meiner Teilnahme an einer Feier der Göttinger Vereinigung zur Förderung der angewandten Physik und Mathematik am 22. Juni 1918 dem Göttinger Universitätsprofessor Dr. Prandtl gezeigt. Professor Prandtl fand den Inhalt des Buches so unwissenschaftlich und meine Ausstellungen daran so berechtigt, daß er dies in einer schriftlichen Erklärung zum Ausdruck brachte. Er ist von Herrn Riedler (W. Bl. S. 74 ff.) als „Oberrichter" und „Obergutachter" bezeichnet worden. Eine Abschrift meines Gutachtens habe ich im Oktober oder November 1919 Herrn Professor Weber von der Charlottenburger Hochschule vertraulich mitgeteilt, nachdem er mir gesagt hatte, daß er auf Veranlassung von Herrn Riedler mit diesem und Herrn Löffler Besprechungen über des letzteren Buch gehabt und beide auf die schweren Fehler des Buches hingewiesen habe. Schließlich habe ich noch im Frühjahr 1919, nachdem die Denkschrift des Herrn Riedler über Hochschulreform mit den scharfen Angriffen auf die Abteilung erschienen war (Z. d. V. d. I. 1919, S. 302 ff.), das Gutachten einem auswärtigen befreundeten Kollegen vertraulich zugesandt. Herr Professor Prandtl hat das Gutachten, wie mir bekannt geworden ist, einem Hochschulkollegen vertraulich mitgeteilt. Sonst ist das Gutachten durch mich, meiner Erinnerung nach, niemandem bekannt geworden. Der Abteilungsvorsteher hat es außer an die Abteilungsmitglieder nur noch einem nicht zur Abteilung gehörenden Kollegen unserer Hochschule und späterhin dem Senat bekannt gegeben.

Ende Juni 1918 hat der Abteilungsvorsteher mein Gutachten und die Äußerung des Herrn Professor Prandtl dem vorgesetzten Herrn Minister übergeben (W. Bl. S. 27). Trotz der fast einstimmigen Stellungnahme der Abteilung gegen Herrn Löffler wurde dieser Anfang 1919 nicht allein zum ord. Honorarprofessor unserer Hochschule, sondern auch zum Mitgliede unserer Abteilung ernannt. Der Senat der Hochschule beschloß (W. Bl. S. 28), sich mit der wider den Willen der Abteilung vorgenommenen Ernennung des Herrn Löffler zum Abteilungsmitgliede zu befassen, und betraute, um auch seinerseits über mein Gutachten klar zu sehen, die nicht unserer Abteilung angehörenden Herren Weber und Gümbel mit weiteren Gutachten über das Löfflersche Buch. Da ich nicht Senatsmitglied bin, habe ich hiervon erst nachträglich erfahren. Auch diese Gutachten kamen zu völlig ablehnenden Urteilen über das Löfflersche Buch.

Dies die Sachlage. Man vergleiche mit diesen Tatsachen die Behauptungen des Herrn Löffler in seiner Streitschrift, der dabei die Veranlassung und den Zweck der Gutachten völlig verschweigt, *ich hätte im Jahre 1918 ein schriftliches Gutachten über das Buch „verbreitet"* (S. 10), und *„nunmehr aber, nachdem das Buch über 6 Jahre in der Öffentlichkeit bekannt ist, greifen Theoretiker unter Führung des Herrn Professor Meyer die neue Erkenntnis heftig an"* (S. 9). Ferner die Äußerungen des Herrn Riedler (W. Bl. S. 27): *„Eine Abstimmungsmehrheit hat die Verurteilung an andere Hochschulen gebracht."* (W. Bl. S. 110) *„Herr Löffler ist vor Hochschulen gezerrt worden"*, (W. Bl. S. 72) *„das Gutachten ist an andere Hochschulen gebracht worden"* und neben vielen anderen etwa noch die Äußerung auf S. 106 *„Toller noch ist es, daß die Verbandswissenschaftler trotz ihres selbstherrlichen Verfahrens sich wissenschaftlich so unsicher fühlen, daß sie von anderen Hochschulen Hilfe heischen, wieder von Erfahrungslosen, von ‚reinen Toren'; daß sie, um ihre Mehrheitswissenschaft zu stärken, ihre einseitige Meinung der ganzen Hochschule aufdrängen, damit die Erwählten der Hochschule das seltsame Scherbengericht fortsetzen, über wissenschaftliche Auffassungen beraten und sie zu einer Mehrheitssache machen, nur um die schwarze Liste von Wissenschaftsschächern vermehren zu helfen."*

Sich mit der Person und den Leistungen des Herrn Löffler in der Weise, wie dies bei Berufungsangelegenheiten immer geschieht, zu befassen, war, wie schon gesagt, die Pflicht der Abteilung, nachdem der Herr Minister zur Stellungnahme aufgefordert hatte. Bei einem für einen solchen Zweck in kurzer Zeit zu erstattenden Gutachten konnte es sich also nicht um Anstellung eigener wissenschaftlicher Untersuchungen auf dem im Buche bearbeiteten Gebiete handeln. Das Gutachten mußte die persönliche Seite der Angelegenheit mehr hervorheben, als dies bei einer wissenschaftlichen Besprechung in der Öffentlichkeit erforderlich gewesen wäre. Eine Veröffentlichung des in einer Abteilungsangelegenheit erstatteten Gutachtens war durch das wissenschaftliche Interesse keineswegs geboten, da das besprochene Buch, abgesehen von Besprechungen bei seinem Erscheinen in technischen Zeitschriften, in der Literatur fast nicht beachtet worden war. Eine solche Veröffentlichung hätte, wäre sie ausgeführt worden, mit Recht von Herrn Riedler als gehässig gedeutet werden können und hätte den Vorwurf verdient, daß sie 6 Jahre zu spät komme.

Das Verfahren fand keineswegs in der Heimlichkeit statt, da doch so mächtige Freunde des Herrn Löffler wie Herr Riedler in der Abteilung saßen. Aufgabe des Herrn Riedler wäre es gewesen, in einem Gegengutachten nachzuweisen, wie unberechtigt mein Gutachten war, sofern er dazu gegenüber einer Abteilungsmehrheit sachlich in der Lage gewesen wäre, die sich schon lange nicht mehr durch seine glänzende Dialektik blenden läßt, sondern nur sachlichen Gründen zugänglich gewesen wäre. Warum er demgegenüber den Weg gewählt hat, die Angelegenheit in der von ihm beliebten Form in die Öffentlichkeit zu bringen, überlasse ich dem Urteil der Leser.

Man vergleiche mit meinen Ausführungen weiter etwa die Vorwürfe der Herren Riedler und Löffler, daß die Gutachter nicht angegeben haben, wie es besser zu machen ist, ferner Herrn Riedlers Ausführungen über die Heimlichkeit des Verfahrens (W.Bl. S. 72) und etwa seine temperamentvollen Worte auf S. 109: *„Die Machenschaften der Wissenschaftshüter, die eine giftige ‚wissenschaftliche‘ Meinungsschlange immer dicker und länger züchten, zwingen zu dem einzig gangbaren Auswege, damit das Ungeheuer nicht Hochschulen, Regierung und gar das Land in dieser furchtbaren Zeit unfruchtbar beschäftige, dem Auswege zur fachlichen Öffentlichkeit"* und weiter auf derselben Seite: *„Die fachliche Sache muß aus dem Dunkeln heraus, aus dem verrannten Winkel einseitigen, überhebenden Aburteilens, aus dem Schmutzwinkel heimlicher Verdächtigungen ins helle Licht der sachkundigen Öffentlichkeit".* Daß in der Öffentlichkeit sich nur verhältnismäßig wenige Sachkundige befinden und daß auch diese sich wohl kaum die Mühe nehmen werden, das Löfflersche Buch bis in seine Einzelheiten zu studieren, daß daher die Gründlichen sich mit Recht von einem solchen öffentlichen Gezänke abwenden und mit ihrem Urteil zurückhaltend sein, die Unvorsichtigen aber demjenigen Recht geben werden, der mit der gewandtesten Dialektik am lautesten zu reden vermag, das ist die wirkliche Sachlage, und es ist ein Armutszeugnis für Herrn Riedler, daß er in einer Berufungsangelegenheit, ohne auch nur den Versuch zu machen, sich wissenschaftlich mit seinen Kollegen in der Abteilung oder wenigstens mit dem Senat auseinanderzusetzen, in der von ihm beliebten Kampfesweise an die Öffentlichkeit geht.

Dabei ist sehr bezeichnend, wie Herr Riedler gar nicht fassen will, daß man in der Tat sachlich gegen das Buch des Herrn Löffler schwerwiegende Einwendungen haben könne und wie er alles ausdrücklich persönlich auffaßt. Er sagt auf W. Bl. S. 74: *„Alle diese seltsamen Vorgänge sind Außenstehenden schwer begreiflich ohne die weitere Kennzeichnung der persönlichen Seite. Wie kommt es doch, daß Viele gegen Einen auftreten, auch solche, die sein Buch sicher nicht gelesen haben, daß sie sich wegen wissenschaftlicher Meinungen eiferwütig dem heimlichen Vorgehen anschließen gegen die Person, der gegenüber sie stets von besonderer Freundlichkeit waren. Die Aufklärung ist einfach; Der Angriff gegen Buch und Person ist nur Mittel zum Zweck; nur mich will man treffen"* und auf S. 110: *„Allen, die den Fall prüfen oder richten wollten, war bekannt oder mußte alsbald offenbar werden, daß die angegriffenen Buchstellen nur Anlaß waren zu einem Kesseltreiben, das nicht dem Verfasser des Buchs, sondern mir galt. Auf den Sack schlägt man, der Esel bin ich."*

2.

Auf S. 74 der W. Bl. wagt Herr Riedler sogar die Behauptung, „der Ausgangspunkt des Angriffes gegen das Buch des Herrn Löffler seien seine sachlichen Widerlegungen von Behauptungen (die ich gemacht habe) über Gasmaschinen und ihre Wirkungsgrade" und zerrt damit den Streit, der sich auf Grund seiner gegen mich gerichteten Angriffe vor nunmehr schon 15 Jahren abgespielt hat, wieder an die Öffentlichkeit, indem er ihm einen besonderen Abschnitt: „Theorie und Wirkungsgrade" auf den S. 63—66 der W. Bl. widmet. Dazu stellt er auf S. 154 in bezug auf meine Person die Behauptung auf: „*Seit der sachlichen Erörterung über Gasmaschinen und Wirkungsgrade ist seine feindliche Stimmung hervorgetreten. In einer Sitzung der Abteilung wurde durch ihn, bei ganz nebensächlichem Anlaß, ein seltsamer Beschluß gegen mich veranlaßt.*"

Die von Herrn Riedler beliebte Darstellung zwingt mich leider, so unerquicklich dies ist, kurz die hierhergehörigen Tatsachen den Angaben des Herrn R. entgegenzustellen. Die Abteilungssitzung, in der ich mir die Feindschaft und den, wie aus dem Buche „Die Wirklichkeitsblinden" jedem Unbefangenen hervorgeht, so tiefen Haß des Herrn R. zugezogen habe, und nach der er sogar meine Entfernung aus der Abteilung verlangt hat, fand fast $1^{1}/_{2}$ Jahre vor Beginn des Wirkungsgradstreites, nämlich im Frühjahr 1903, statt. Seit dieser Zeit verfolgte mich Herr R. auch in der Öffentlichkeit, wie aus den Jahrgängen 1903 bis 1905 der Zeitschrift d. Ver. deutsch. Ing. hervorgeht. Im Dezember 1903 habe ich der Firma A. Borsig einen Bericht über Leistungsversuche, die ich im Auftrage dieser Firma an einer von ihr gebauten 500pferdigen Koksofengaszweitaktmaschine, Bauart Öchelhäuser ausgeführt hatte, erstattet, der im Wortlaut von der genannten Firma veröffentlicht worden ist (s. den Wortlaut des Versuchsberichts in Z. d. V. d. I. 1905, S. 324 u. ff.). In diesem Bericht habe ich das Folgende gesagt: „*Ehe ich auf eine Besprechung der Tabelle II eingehe, erlaube ich mir noch auf folgendes hinzuweisen: Unter der indizierten Leistung einer Viertaktmaschine versteht man die Arbeit, die dem Unterschied der Flächen F_+ und F_- des Indikatordiagrammes entspricht. Die indizierte Leistung N_i der Zweitaktmaschine ist demgemäß durch den Unterschied zwischen der Leistung N_{i+} des Arbeitszylinders und dem Arbeitsverbrauch N_l und N_g der Ladepumpen gegeben: $N_i = N_{i+} - N_l - N_g$. Da der mechanische Wirkungsgrad ein Maß für die Eigenreibungswiderstände der Maschine abgeben soll, so muß er bei einem Gasgebläse $= \dfrac{N_w}{N_{i+} - N_l - N_g}$ gesetzt werden, wenn die indizierte Gebläsearbeit N_w ist.*

In dem Ausdruck $\frac{N_w}{N_{i+}}$, den ich mit „Gesamtwirkungsgrad zwischen Arbeitszylinder und Gebläse" bezeichnet habe, ist dagegen sowohl der Einfluß der Eigenreibung der Maschine wie derjenige des Arbeitsverbrauches der Ladepumpen zum Ausdruck gebracht..."

In der Tabelle II des Versuchsberichtes folgen dann die bei den Versuchen gefundenen Werte für die beiden in den soeben angeführten Sätzen von mir definierten Wirkungsgrade.

Herr R. hat nun in seinem Vortrag über Großgasmaschinen auf der Frankfurter Hauptversammlung des V. d. I. des Jahres 1904 (s. Z. 1905, S. 273 u. ff.) offenbar im Hinblick auf diese von mir aufgestellten Definitionen des mechanischen Wirkungsgrades von einem Rechenverfahren gesprochen, das er als „**Täuschung und strafwürdige Bilanzverschleierung**" bezeichnet hat. Seine Angriffe kamen aber von hinten, indem er weder den Versuchsbericht noch den Verfasser des Versuchsberichts nannte, obgleich die anwesenden Fachleute aus seinen Äußerungen sofort schlossen und auch in der Erörterung des Vortrages sofort zum Ausdruck brachten, daß nur ich und mein Versuchsbericht gemeint sein könnten. Ich selbst war auf der Versammlung nicht anwesend, eine stenographische Niederschrift seines Vortrages wurde dort nicht gemacht, so daß ich nicht in der Lage war, gerichtlich gegen diese verleumderischen Angriffe vorzugehen. Die Entrüstung darüber war aber im V. d. I. so groß, daß sich Herr R. gezwungen sah, das Verletzendste seiner Angriffe zurückzunehmen, was er (Z. 1905, S. 315) mit der Fußbemerkung tat: *„An früherer Stelle und hier habe ich im Vortrage die Ausdrücke ‚Täuschung' und ‚strafwürdige Bilanzverschleierung' gebraucht, welche entgegen meiner Absicht und Erwartung eine subjektive Deutung erfahren haben, als ob ich andere einer absichtlichen Täuschung oder einer bewußt unrichtigen Aufstellung der Arbeitsbilanz beschuldigt hätte. Solches ist mir nie in den Sinn gekommen und ich nehme selbstverständlich die gebrauchten Ausdrücke, die in einem solchen Sinne verstanden werden können, hiermit ausdrücklich zurück."* Angriffe solcher Art und von hinten geschehen, nennt Herr R. jetzt (W. Bl. S. 74) in unschuldigstem Tone: „**eine sachliche Widerlegung von Behauptungen über Gasmaschinen und ihre Wirkungsgrade**"!

Auf Ersuchen des Vereins deutscher Ingenieure erstatteten die Professoren Schöttler, Schrödter und Stodola dem Verein am 3. November 1904 ein Gutachten über die Frage, ob in meinem Versuchsbericht „irrtümliche und irreführende Angaben enthalten seien", das in der Z. d. V. d. I. 1905, S. 330 zum Abdruck gebracht ist. Ich führe hier nur den Schlußsatz dieses Gutachtens an, der einer gewissen Ironie nicht entbehrt und lautet: „Wir (nämlich die drei unterzeichneten Professoren) **müssen demnach wiederholt erklären, daß kein Sachverständiger aus dem Bericht Irrtümer oder irreführende Angaben herauslesen kann."**

Der V. d. I. berief auch einen Ausschuß zur Aufstellung von Regeln für Leistungsversuche an Gasmaschinen und Gaserzeugern ein, der aus den drei genannten Professoren und Vertretern der vier Firmen „Vereinigte Maschinenfabriken Augsburg und Maschinenbaugesellschaft Nürnberg, Gasmotorenfabrik Deutz, Gebr. Körting A.-G. und Deutsche Kraftgasgesellschaft" bestehen sollte und das Recht der Zuwahl hatte. Die drei erstgenannten Firmen sandten als Vertreter die Direktoren der einschlägigen Abteilungen, die vierte einen bis kurz zuvor bei ihr als Oberingenieur tätig gewesenen Hochschulprofessor.

Ich bin von diesem Ausschuß in seiner 1. Sitzung zugewählt worden.

In den von ihm aufgestellten Normen wurde der mechanische Wirkungsgrad so definiert, wie ich dies in meinem Versuchsbericht gemacht habe. In dieser Fassung sind die Normen vom V. d. I., vom Verein deutscher Maschinenfabrikanten und vom Verbande von Großgasmaschinen-Fabrikanten im Jahre 1906 angenommen worden. Gegen die darin enthaltene Definition des mechanischen Wirkungsgrades haben sich nur sechs Bezirksvereine ausgesprochen, die große Mehrzahl stimmte ihr zu.

Dies ist der Tatbestand. Und nun die Ausführungen des Herrn Riedler. Er sagt S. 63 der W. Bl.: „*In einer anpreisenden Veröffentlichung über Zweitaktgroßmaschinen wurde deren Wirkungsgrad zu ihren Gunsten so berechnet, daß von der inneren Kolbenarbeit abgezogen wurde; der Arbeitsaufwand für die Vorbereitung der Verbrennung, für das Spülen, Laden und Vorverdichten, so daß diese offenbaren Widerstände als Nutzarbeit gebucht wurden!*" . . .

Er gibt also auch hier wieder keine näheren Angaben, er führt nicht an, wo der Leser die Veröffentlichung zur Bildung eines eigenen Urteils nachlesen kann, er erwähnt nicht einmal, für welchen Wirkungsgrad das Abzugsverfahren angewandt worden ist, ja er verschweigt auch hier, daß sich in der Veröffentlichung, d. h. in meinem ursprünglichen Versuchsbericht vom Jahre 1903, beide Arten von Wirkungsgraden nebeneinander gestellt finden, sowohl der nach dem Abzugsverfahren ermittelte als der ohne Abzugsverfahren, also im Sinne des Herrn R. berechnete. Er gibt auf W. Bl. S. 64 selbst zu: *„Das Rechnungsverfahren, den Ladewiderstand als Nutzarbeit zu buchen, habe ich hierbei ‚Bilanzverschleierung' genannt. Das trifft allerdings nicht ganz zu; Entstellung wäre richtiger."* Aber zwei Seiten später sagt er trotzdem: *„Die ‚Bilanzen' der Maschinen werden (heute) nicht mehr ‚theoretisch richtig' zurechtgemacht, sie werden weder verschleiert noch entstellt, sondern bürgerlich rechtschaffen aufgestellt ..."* und bringt dabei die Worte „weder verschleiert noch entstellt" in Sperrdruck. Ich überlasse dem Leser das Urteil über eine solche Kampfesweise.

Daß die von den drei genannten Vereinen aufgestellten Normen für die Berechnung des mechanischen Wirkungsgrades entsprechend meinem Vorgehen das Abzugsverfahren vorschreiben, erklärt er folgendermaßen (S. 65): *„Der Verein deutscher Ingenieure hat dann beschlossen, neue ‚Normen' für die Wertung von Verbrennungsmaschinen aufzustellen und hat bekannte Theoretiker und leitende Ingenieure von Fabriken zu Beratungen berufen, jedoch weder mich noch jemand, der meine Auffassung teilte, zugezogen oder befragt. Die Ingenieure befanden sich bald im Schlepptau der Theoretiker, weil sie zu deren theoretischen Verfahren und Annahmen nicht Stellung nehmen wollten oder konnten.*

Die neuen ‚Normen' wurden ganz im Sinne der Theoretiker beschlossen und veröffentlicht ..." Nur damit Herr R. recht behält, scheut er also nicht davor zurück, den leitenden Ingenieuren unserer ersten Firmen ein Armutszeugnis anzudichten, als ob sie in einer so einfachen Sache nicht sebständig entscheiden könnten, und kommt keinen Augenblick auf den Gedanken, daß vielleicht doch sachliche Gründe für das Abzugsverfahren sprechen könnten.

Herr R. hat sich damals durch seine Angriffe außerordentlich geschadet, da weite Kreise daraus ersehen mußten, wie unwissenschaftlich und unsachlich seine Denkweise und wie wenig offen seine Kampfesweise war. Herr R. deutet diesen Schaden selbst an, indem er auf S. 64 sagt: „*Das hat mir offene Verfolgung eingetragen: Abgeordnete und zwei Minister wurden mit der Sache befaßt, um gegen mich vorzugehen.*" Wenn er selbstgerecht hinzufügt: „*während der Schädling nur die wirklichkeitsblinde Einseitigkeit der Theoretiker war*", so befinde ich mich gegenüber diesem Vorwurf mit den drei genannten Professoren in guter Gesellschaft und darf den uns hierdurch erteilten Vorwurf getrost dem Urteil der Öffentlichkeit überlassen.

3.

Man gestatte mir noch an einem anderen recht durchsichtigen Beispiel die Kampfesweise des Herrn R. zu zeigen. Der anfangs des verflossenen Jahres im Berliner Bezirksverein gegründete Ausschuß für Mechanik hat seine zwei ersten Sitzungen in dem von mir geleiteten Festigkeitslaboratorium zum Zwecke der Besichtigung dieses Laboratoriums abgehalten. Der Vorsitzende dieses Ausschusses ist der Senatsgutachter für das Löfflersche Buch, Herr Professor Gümbel. Nun befinden sich in den W. Bl. des Herrn R. die folgenden, offenbar gegen diesen Ausschuß gerichteten Sätze (W. Bl. S. 156): „*Diese Fachtheoretiker suchen emsig ein Feld, auf dem sie sich betätigen und Anerkennung finden können, in unserer Zeit, wo den Fähigen beides überreich geboten ist; sie meiden indes ihr eigentliches Feld: Vereinigung von Wissenschaft und Anwendung, wofür sie doch bestellt sind. Zu solcher Vereinigung sind sie nicht fähig, weil ihnen meistens Schaffen und Erfahrung fremd sind. Darum suchen sie gewohnte Arbeit, suchen ihr schädliches Trennen zwischen Lehre und Leben auf andere Gebiete zu übertragen, gründen technisch-wissenschaftliche Zeitschriften und Vereinigungen oder bilden Sondergruppen für ‚Mechanik', für ‚technische Physik' u. dgl., denen jedoch die wirklichen Wissenschafter fern bleiben, wie auch die wirklichen technischen Physiker und leitenden Männer der Industrie. So vereint denn die Sonderbündelei nur die Unfruchtbaren.*"

Wie ist nun hier der Tatbestand? Die Gründung wurde im Schoße des Technischen Ausschusses, ohne daß wir beide etwas davon wußten, angeregt und beschlossen. Der Berliner Bezirksverein trat an Herrn Professor Gümbel heran mit der Bitte, diesem Ausschuß beizutreten und seinen Vorsitz zu übernehmen, und an mich, dem Ausschuß mein Laboratorium zu zeigen. Ich selbst bin dem Ausschuß erst einige Monate nach seiner Gründung beigetreten. Im folgenden gebe ich die Liste der außer dem meinigen gehaltenen Vorträge und der Vortragenden bis zum November 1919 an (vgl. Monatsbl. d. Berl. Bez.-V. deutsch. Ing. Dezember 1919).

Prof. v. Hanffstengel: „Erläuterung eines Modells zur Darstellung mechanischer Vorgänge." Direktor der Kreiselbau G. m. b. H. Drexler: „Der Kreisel im Flugzeug." Professor Weber: „Die Grundlagen der Ähnlichkeitsmechanik." Ingenieur Duffing: „Schwingungen mit großem Ausschlage", und zweiter Vortrag: „Numerische Integration von Differentialgleichungen." Obering. d. Siem.-Sch.-Werke Privatdoz. Dr. Ing. Rüdenberg: „Elektrische Wanderwellen." Professor Gümbel: „Graphische Integration von Differentialgleichungen 2. Ordnung, im besonderen in Anwendung auf die Schwingungslehre", und zweiter Vortrag: „Der heutige Stand des Schmierungsproblems." Privatdozent Dr. Hort: „Behandlung der de Laval-Turbinenwelle nach neuerem, insbesondere astronomischem Verfahren." Geh. Postrat Prof. Dr. Breisig: „Mechanische Schwingungssysteme als Modelle funkentelegraphischer Anordnungen." Besichtigung der Physik.-Techn. Reichsanstalt. Privatdozent Dr. Everling: „Längsschwingungen von Flugzeugen", und zweiter Vortrag: „Die wahre Neigung von Flugzeugen." Geheimrat Prof. Heyn: „Einfluß der Eigenspannungen bei Festigkeitsversuchen, Theorie der ‚Verfestigung' durch Kaltrecken." Im Anschluß an diesen Vortrag hat Herr Direktor Dr.-Ing. ehr. O. Lasche längere Ausführungen über einige Erfahrungen der A. E. G. auf dem Vortragsgebiete an der Hand von Lichtbildern gemacht. Professor Dr. Rothe: „Einige Methoden und Aufgaben aus der praktischen Mathematik." Obering. d. Siem.-Sch.-Wk. Wichert: „Schüttelerscheinungen bei elektrischen Lokomotiven mit Parallelkurbelgetrieben."

Die Vorträge sind z. T. in einem vom Berliner Bezirksverein herausgegebenen Sammelheft veröffentlicht worden und können dort auf ihren Gehalt nachgeprüft werden.

Herr R. war nie in den Sitzungen anwesend, ist also gar nicht in der Lage, aus eigener Erfahrung zu urteilen, und trotzdem erlaubt er sich ein so absprechendes Urteil über den Ausschuß und alle diejenigen, die an ihm mitwirken!

4.

Und noch ein weiteres Beispiel: Herr Prof. Weber, einer der Senatsgutachter im Falle Löffler, hat im verflossenen Frühjahr eine zusammenfassende Arbeit über Ähnlichkeitsmechanik veröffentlicht, über die er in der Jahresversammlung der Schiffbautechnischen Gesellschaft vorgetragen hat. Über den gleichen Gegenstand hat der zweite Senatsgutachter, Herr Prof. Gümbel, einige Jahre vorher mehrere Arbeiten veröffentlicht. Dies genügt für Herrn Riedler, um unter Bezugnahme darauf, daß sich „beide Senatsgutachter kürzlich zur Ähnlichkeitsmechanik bekannt haben", auf den S. 98—102 der W. Bl. die heftigsten Angriffe gegen die Ähnlichkeitsmechanik zu richten. Ich führe einige Sätze daraus an: *„Wissenschaftliche Versuche werden oft wegen mangelnder Mittel oder unzureichender Voraussicht im kleinen ausgeführt, an Modellen, statt an wirklichkeitsgemäßen Vorrichtungen, und die Ergebnisse werden durch ‚Analogieschlüsse' verallgemeinert, auf den Zusammenhang im großen ausgedeutet. Ein falsches Verfahren wird angewendet . . ."*

„Die Fehler der Ähnlichkeitsschlüsse haben unermeßlichen Schaden angerichtet, und ungezählte Millionen wurden verschlungen, wenn Kleinerfahrungen auf verantwortlich zu lösende Aufgaben der Wirklichkeit verallgemeinernd übertragen wurden. Die angebliche Ähnlichkeit kann weder befriedigende noch richtige Aufschlüsse für die großen Aufgaben geben, sie veranlaßt meist nur Irrwege. Die geometrische Ähnlichkeit bedeutet nie Ähnlichkeit der Wirkungen, auf die es ja doch nur ankommt, und ‚Grundgesetze' und mathematische Rechnungen, auf Ähnlichkeitserwägungen gestützt, führen stets zu einem falschen ‚Deduktionsverfahren'. Die Großwirkungen sind immer verschieden von den Kleinwirkungen, und Zahlenwerte aus Kleinversuchen führen stets irre . . .

Die Ähnlichkeitstäuschung ist Schein, ist Bemäntelung eines grundfalschen Weges; die Ähnlichkeitsmechanik ist Scheinwissenschaft, die mit entbehrlicher Arbeit, mit großen Worten und Berech-

nungen grundsätzlich Unrichtiges zu Lehrmeinungen und ‚Grundsätzen' ausbauen will, dabei, wie alle Wahnwissenschaften, unduldsam auftritt mit ihren Methoden, die Selbstzweck sind und im großen irreführen." ...

So Herr Riedler. Nun ist es zweifellos, daß unzulässige Schlüsse von kleinen Modellversuchen auf das Verhalten von Maschinen und Maschinenteilen, von Schiffen und Flugzeugen der Industrie viel Lehrgeld gekostet haben. Ein praktischer Ingenieur, der die Ähnlichkeitsmechanik nicht kennt und nun von Herrn R. erfährt, daß diese „Scheinwissenschaft" an allen diesen Schäden schuld ist, wird sich sehr freuen über die treffliche Art, wie Herr R. diese Schuld geißelt, und in der Fähigkeit, mit so packenden und scharfen Worten, die dem Sachunkundigen voll einleuchten, die Mißstände, für die er seine Gegner verantwortlich macht, zu geißeln, liegt die große Wirkung der Riedlerschen Dialektik.

Wie ist es aber nun in Wirklichkeit? Vor allem die Vertreter der Ähnlichkeitsmechanik sind es, die den unvorsichtigen und unzulässigen Schlüssen vom Kleinen aufs Große entgegentreten, gerade die Ähnlichkeitsmechanik gibt an, welches die falschen Schlüsse sind, die man nicht ziehen darf, sie beschränkt sich aber nicht auf diese Kritik, leistet vielmehr darüber hinaus positive Arbeit durch die Untersuchung der Frage, welche anderen Schlüsse nach wissenschaftlichen Erfahrungen der Wirklichkeit gerecht werden.

Der Unkundige muß aus den soeben angeführten Sätzen des Herrn R. schließen, daß die Ähnlichkeitsmechanik in dem Wahne befangen sei, daß „geometrische Ähnlichkeit Ähnlichkeit der Wirkungen bedeute" (oder glaubt Herr R. etwa selbst, daß in dieser Behauptung ihre Lehre bestehe? Nach seinen Äußerungen muß man dies fast annehmen!). Demgegenüber ist es ja gerade der Ausgangspunkt der Ähnlichkeitsmechanik, daß geometrische Ähnlichkeit für die Ähnlichkeit der Wirkungen nicht ausreicht, und von diesem Standpunkt aus untersucht sie die Frage, was alles zu der geometrischen Ähnlichkeit hinzutreten muß, um die Ähnlichkeit der Wirkungen zu gewährleisten. Den Nutzen der Ähnlichkeitsmechanik zu leugnen heißt, die Möglichkeit der Anwendung der Mechanik auf die Probleme der Wirklichkeit überhaupt zu verneinen. Die Entgleisung, die Herrn R.

so mit seinen Ausführungen über Ähnlichkeitsmechanik passiert ist, ist aus seiner Leidenschaftlichkeit allein nicht erklärlich, sie läßt vielmehr auf völligen Mangel an Sachkenntnis schließen.

Dies ist ein, wie ich glaube, recht kennzeichnendes Beispiel dafür, wie durch das Kunststück der Riedlerschen Dialektik der Unwille des praktischen Ingenieurs, der sich mit vollem Recht gegen unzulässige und unberechtigte Schlüsse einseitiger Theoretiker wendet, gerade auf diejenigen gelenkt wird, die diesen falschen Schlüssen entgegentreten, nur weil Herr R. der Meinung ist, daß er in seiner Person von ihnen angegriffen wurde.

Nach diesen Beispielen glaube ich nicht mehr auf die vielen weiteren Behauptungen des Herrn R. über meine Person und über die der anderen Gutachter, darüber, daß mir jede Betriebserfahrung fehle, daß ich nie forschend tätig gewesen sei, über die Vorgänge bei meiner Berufung und darüber, daß durch die Angriffe des Abgeordneten Dr. Beumer im Jahre 1906 gegen das „System Riedler" nicht er, sondern insbesondere ich angegriffen worden sei (!) und vieles andere mehr eingehen zu müssen. Ich lasse sie unwidersprochen, weil der Leser nach den hier gegebenen Proben selbst wissen wird, was er von solchen Ausführungen des Herrn R. zu halten hat.

5.

Ich gehe nunmehr zu der in den Streitschriften der Herren Riedler und Löffler versuchten Widerlegung meines Gutachtens des Löfflerschen Buches über. Dabei muß ich gleich zum Eingang darauf hinweisen, daß es eine vollkommene Verschiebung der Sachlage ist, wenn Herr R. Behauptungen aufstellt, wie S. 28 der W. Bl.: *„Meinungsverschiedenheiten über Wesen und Wirkung der Reibung ist daher Anlaß zu dem ganz ungewöhnlichen ‚Rollen der Begebenheit', oder W. Bl. S. 80: „Meinungen über Rollwiderstände sind also Anlaß zu unerhörter Kriegführung . . . Dabei ist die einzige Beschuldigung: beim Innentrieb sei ein Gesetz verletzt, und der Ketzer meine, die Reibung wirke anders, als ältere Forscher meinten! Sonst liegt nur noch die Behauptung vor, daß er auch gegen die ‚Logik' verstoßen habe; keiner der vier Richter hat jedoch angegeben, wo und wie diese Sünde begangen sei,"* und zahlreiche Äußerungen gleicher Art.

Daß nicht bloß einzelne Fragen, auf die Herr R. die Erörterung ablenkt, sondern noch viele andere Fragen, die nur für diejenigen verständlich sind, die das Buch gründlich gelesen haben, und dann vor allem der ganze Geist, der aus dem Buche spricht, zu meiner Stellungnahme geführt haben, geht aus meinem Gutachten deutlich hervor.

Das Gutachten ist in der Streitschrift des Herrn Löffler, in einzelne von ihm mit Überschrift versehene Abschnitte zerlegt, vollständig zum Abdruck gebracht. Auch die Senatsgutachten finden sich darin abgedruckt. Bei diesem Abdruck sind in meinem Gutachten, nicht aber in den beiden Senatsgutachten, viele Worte in Sperrdruck gesetzt, so daß es, da Herr Löffler hierüber nichts erwähnt, den Eindruck erwecken muß, daß diese Worte von mir selbst hervorgehoben worden seien. Dies ist aber nicht der Fall. Der Sperrdruck ist von Herrn L. angeordnet worden und zwar fast durchgängig nur solchen Worten zuteil geworden, die den gegen ihn gerichteten Vorwurf enthalten, fast nie aber denjenigen Stellen, in denen ich diesen Vorwurf stets in seinen Einzelheiten sachlich begründet habe. Die Färbung, die durch solche Verteilung des Sperrdrucks mein Gutachten bekommen hat, muß ich daher ablehnen. Unter diesem Vorbehalt kann ich mich aber hinsichtlich des Gutachtens auf den Abdruck in der Löfflerschen Streitschrift beziehen.

In meinem Gutachten finden sich u. a. die folgenden Ausführungen (abgedruckt auf S. 11 der Streitschrift): *„Die Bilder, die sich so der Verfasser von den Bewegungswiderständen beim Rollen und Gleiten macht, sind äußerst primitiv und oberflächlich, sie stehen vielfach im Widerspruch mit den Anschauungen und Ergebnissen der physikalisch-technischen Forschung. Den Unterschied zwischen der sog. "Reibung der Ruhe" und der "Reibung der Bewegung" erklärt z. B. der Verfasser folgendermaßen (S. 103): "Damit der Körper 1 (Abb. 85), auf den die Kraft K wirkt, an dem festgehaltenen Körper 2 vorbeigeschoben werden kann, müssen zunächst die Oberflächenzähne an beiden Körpern abgebogen oder zum Teil weggebrochen werden (Reibung der Ruhe), bei weiterer Bewegung brauchen aber nur die kleinen Zähne am Körper 2 abgebogen zu werden, so daß dann eine kleinere Kraft zur Überwindung des Widerstandes erforderlich ist (Reibung der Bewegung)." Man vergleiche mit dieser Anschauung das von Professor W. Kauf-*

mann, *Königsberg, im Jahre 1910 mitgeteilte Ergebnis der in seinem Institut von J a k o b ausgeführten Versuche (Physikalische Zeitschrift 1910, S. 985), nach denen bei Messing- und Glaskörpern der größere Betrag der Reibung der Ruhe nur Unreinigkeiten zwischen den Berührungsflächen zuzuschreiben war; wurden diese Unreinigkeiten sorgfältig beseitigt, so war die Reibung der Ruhe sehr viel kleiner als die der Bewegung, ja nahezu gleich Null."*

Dies ist die einzige Stelle, wo ich die Jakobschen Versuche und die daraus von Professor Kaufmann gezogenen Schlüsse überhaupt erwähne und über die Reibung der Ruhe und die Reibung der Bewegung spreche. Wie mir jeder Unbefangene zugeben wird, habe ich an dieser Stelle mit keinem Worte gesagt, daß für die Betriebe der Praxis, bei denen ja die Unreinigkeiten nicht „sorgfältig beseitigt" sind, wie bei den Jakobschen Versuchen, nunmehr die von Fräulein Jakob gefundenen Reibungszahlen zu verwenden oder die Reibung der Ruhe kleiner als die Reibung der Bewegung anzunehmen seien. Vielmehr habe ich an der angezogenen Stelle die Jakobschen Versuche lediglich mit dem Bilde des Herrn Löffler von den Oberflächenzähnen in Beziehung gebracht.

Fräulein Jakob fand bei den untersuchten, aufs sorgfältigste geglätteten und gereinigten Messingkörpern, die bei Gleitgeschwindigkeiten von 1,4 mm/sk. die Reibungszahl 0,11 ergaben, daß ein Gleiten noch eintrat, wenn die die Bewegung anstrebende Kraft erheblich kleiner war, als dieser Reibungszahl entsprach, daß dann aber auch die Gleitgeschwindigkeit sehr viel kleiner wurde. So konnte noch durch eine Kraft, die nur der Reibungszahl 0,066 entsprach, ein Gleiten hervorgerufen werden, und zwar mit der Gleitgeschwindigkeit von nur 0,002 mm/sk. Die Reibungszahlen nahmen also von einem kleinen Werte bei sehr kleinen Gleitgeschwindigkeiten mit Zunahme der Gleitgeschwindigkeit auf Werte zu, die mit dem Betrag 0,11 zwar kleiner sind als bei weniger glatten Körpern, trotzdem aber schon durchaus in der Größenordnung der Reibung fester Körper liegen. Ganz entsprechende Ergebnisse wurden bei Versuchen mit Glaskörpern erhalten.

Wenn also das Wesen der Reibung fester Körper durch das Löfflersche Bild von den Oberflächenzähnen vollständig wiedergegeben wäre, so müßten auch bei den Versuchen von Fräulein

Jakob ausschließlich die Oberflächenzähne für die Wirkung der Reibung verantwortlich gemacht werden, und wenn die Oberflächenzähne, wie Herr L. meint, es bedingen sollten, daß die Reibung der Ruhe größer ist als die Reibung der Bewegung, so stehen also die Jakobschen Versuche in Widerspruch mit dem Bild der Oberflächenzähne. In einem zutreffenden Bilde über das Wesen der in der Technik vorkommenden Reibungsarten müßte irgendwie das Bild von Unreinigkeiten, die die Reibung beeinflussen, mit hineingenommen werden. Dies die klare und unzweideutige Meinung meines oben aus dem Gutachten angeführten Satzes. Wenn die Jakobschen Versuche mit dem Bild des Verfassers in Widerspruch stehen, so bestätigen sie andererseits die Betriebserfahrungen der Praxis, indem sie nachweisen, wie groß der Einfluß kleinster Unreinigkeiten, von Staubteilchen, abgenutzten Metallteilchen usw. ist und wie dadurch das Reibungsgesetz sofort ein ganz anderes wird.

Herr Riedler befaßt sich nun in sehr erregtem Tone auf den S. 31—39 der W. Bl. unter der Überschrift: „Kleinstversuche und Ingenieurwirklichkeit" mit den Versuchen des Fräulein Jakob, für die er als Quelle den Bericht von Professor Kaufmann in der Physikalischen Zeitschrift 1910, S. 985 u. ff. selbst anführt, und mit meinen Sätzen. Er schuldigt mich darin an (S. 42), „*ich hätte den mit Recht geforderten Großversuchen, den Betriebsversuchen, die der Wirklichkeit entsprechen, die Versuche über möglichste Reibungslosigkeit an einer völlig betriebsfremden äußersten Grenze entgegengestellt.*" Er schreibt auf S. 44 bei Besprechung des Anfahrens von Eisenbahnwagen: „*Deutlich zeigt sich daher, daß der Anlaufwiderstand (den die Krittler ‚Reibung der Ruhe' nennen), sehr groß ist (was die ‚Gutachter' wegen der Doktorarbeit des Königsberger Fräuleins bestreiten und einen Widerspruch nennen mit den Ergebnissen der wissenschaftlich-technischen Forschung!).*" Auf S. 75 behauptet er, in meinem Gutachten sei enthalten: „*Daß den schwierigen großen Ingenieuraufgaben über Reibung die Versuche mit den geschliffenen und gut abgewischten Königsberger Glassplittern entgegenzustellen sind!*"

Nochmals betone ich, daß ich über die Königsberger Versuche in dem Gutachten kein Wort gesagt habe außer den Worten an der oben angeführten Stelle, die nur auf das Löfflersche Bild Bezug nehmen. Die Behauptungen des Herrn Riedler über das, was ich gesagt haben soll, sind also wahrheitswidrig.

Fräulein Jakob hat, nachdem sie bei Vorversuchen mit Messing das oben besprochene Verhalten vollkommen gereinigter glatter fester Körper entdeckt hatte, ihre Versuche mit Glaskörpern von einigen hundertstel Millimetern Berührungsfläche fortgeführt, weil es Herrn Professor Kaufmann und ihr erschien, als ob das physikalische Gesetz, das der Reibung vollkommen gereinigter und geglätteter fester Körper zugrunde liegt, mit diesem Material besser untersucht werden könne. Deshalb spricht Herr R. immer von den Versuchen mit Königsberger Glassplittern. Er legt bei seinen Darlegungen besonderen Wert auf die Kleinheit der Berührungsfläche zwischen den reibenden Körpern, die nach seinen Angaben nur wenige tausendstel Millimeter betragen haben (wie oben angegeben, betrug sie bei den Glasversuchen in Wirklichkeit wenige hundertstel Millimeter). Trotz dieses Umstandes verschweigt er die in der erwähnten, von ihm angeführten Veröffentlichung enthaltenen Angaben, daß Versuche mit Messing ausgeführt wurden, daß die hierbei über eine Messingunterlage gleitende Messingplatte nicht einige hundertstel oder tausendstel Millimeter, sondern vielmehr nach Kaufmanns Angaben etwa 5 qcm Berührungsfläche hatte, daß ferner bei Messing der Einfluß der Größe der Berührungsfläche auf die Reibung geprüft wurde und daß innerhalb der Versuchsgrenzen ein solcher Einfluß nicht gefunden wurde, daß ferner innerhalb der Belastungsgrenzen 100 g und 10 kg sich innerhalb der Versuchsfehler kein Einfluß auf die Versuchsergebnisse zeigte. Dies alles sind Angaben, die gerade von Herrn Riedlers Standpunkt der Beurteilung aus sehr wesentlich sind, und es als unverantwortlich erscheinen lassen, die Jakobschen Versuche als „Versuche über möglichste Reibungslosigkeit an Königsberger Glassplittern" abzutun.

Ich muß es ablehnen, mich mit einem Manne in wissenschaftliche Erörterungen einzulassen, der Angaben, die für die Erörterung wichtig sind, verschweigt, obgleich er sie kennen mußte, und der anderseits über meine Behauptungen so wahrheitswidrige Angaben macht, wie ich dies soeben nachgewiesen habe.

6.

Ich werde mich daher über die wissenschaftlichen Streitfragen hier nur mit Herrn Löffler auseinandersetzen.

Den Umstand, daß Fräulein Jakob für sehr kleine Gleitgeschwindigkeiten kleine Reibungszahlen fand und daß die Reibungszahlen mit der Gleitgeschwindigkeit stark zunahmen, erklärt Herr Löffler folgendermaßen (Streitschrift, S. 12):

„*Man hat somit (d. h. infolge der verwendeten sehr glatten Körper) zu Beginn des Gleitens nahezu die Kraftverhältnisse von theoretisch glatten Körpern, daher ist auch die sogenannte Reibung der Ruhe fast Null. Weil sich bei fortschreitender Bewegung die Gleitflächen etwas abnutzen, nimmt der Reibungswiderstand zu. Bei den an und für sich sehr kleinen Reibkräften genügen schon sehr geringfügige Abnutzungen zur Erhöhung der Reibwirkungen bei der Bewegung.*"

Wie aus der Bemerkung des Herrn Löffler, daß die Versuche des Fräulein Jakob mit Messingplättchen unter dem Rezipienten einer Luftpumpe ausgeführt worden seien, hervorgeht, hat Herr Löffler nur den kurzen auf der Königsberger Naturforscher-Versammlung 1910 erstatteten Bericht über die Versuche von Professor Kaufmann, in der Physikalischen Zeitschrift 1910, S. 783 abgedruckt, gelesen; denn aus einer in der Diskussion zu seinem Vortrage gemachten Bemerkung des Herrn Professor Kaufmann könnte allerdings geschlossen werden, daß auch die Messingversuche unter dem Rezipienten einer Luftpumpe ausgeführt worden seien. Dies ist aber nicht der Fall, wie aus der ausführlichen Wiedergabe der Versuche in der Dissertation des Fräulein Jakob (Könisberg 1911), auf die Professor Kaufmann in seinem Vortrag hingewiesen hat, und auch aus einem eingehenden Bericht darüber in den Annalen der Physik 1912, Bd. 38, S. 126 hervorgeht. Die Messingversuche wurden vielmehr in der freien Atmosphäre angestellt.

Aus diesen ausführlicheren Veröffentlichungen geht hervor, daß Versuche mit gröber geschmirgelten Platten dieselben Gleiterscheinungen, nur für dieselbe Gleitgeschwindigkeit etwas größere Reibungszahlen ergaben, wie die Versuche mit möglichst glatten Platten. Die Erscheinungen und die grundsätzliche Abhängigkeit von der Gleitgeschwindigkeit ergab sich ferner gleich, ob die

Versuche mit einer Messingplatte von 5,5 cm Länge und 2 cm Breite, also rund 11 cm^{-2} Berührungsfläche bei sehr geringer spezifischer Pressung oder mit drei am unteren Ende schwach gewölbten Messingfüßchen mit nur 0,26 mm^2 Berührungsfläche, bei denen die spezifische Pressung in den Berührungsflächen aber bis zu rd. 60 kgcm^{-2} betrug, oder schließlich mit kleinen Stahlkugeln, wie sie zu Fahrradlagern dienen, auf einer Messingbahn bei etwa gleicher spezifischer Pressung ausgeführt wurden.

Hätte Herr Löffler, ehe er eine von der Kaufmannschen so abweichende Deutung der Versuche gab, in einer dieser ausführlichen Veröffentlichungen von diesen Ergebnissen einer systematischen und sorgfältigen Untersuchung Kenntnis genommen, so hätte er wohl nicht ohne jede Einschränkung eine Deutung der Versuchsergebnisse ausgesprochen, nach der sich Herr Professor Kaufmann in einer Täuschung befand, wenn er die Veränderung der Reibungszahlen als von der Gleitgeschwindigkeit beeinflußt annahm, während sie nach Herrn Löffler nur der zunehmenden Abnutzung und damit zunehmenden Rauhigkeit der Oberflächen zuzuschreiben wäre. Auch müßte sich ein Einfluß des Rauherwerdens der Oberflächen und damit der allmählichen Ausbildung von Oberflächenzähnen bei den Messingfüßchen von 0,26 mm^{-2} Querschnitt und bis zu 60 kgcm^{-2} Belastung sehr viel rascher zeigen als bei der Messingplatte von 11 cm^{-2} Fläche und niedriger spezifischer Pressung, während in Wirklichkeit fast dieselben Kurven als Abhängigkeit der Reibungszahlen von der Gleitgeschwindigkeit sich ergeben hatten.

Ich kann mich daher der Deutung des Herrn Löffler nicht anschließen und glaube trotz seiner Einwendungen vollauf berechtigt zu sein, den in meinem Gutachten enthaltenen, oben wiedergegebenen Satz, der auf die Jakobschen Versuche Bezug nimmt, aufrechtzuerhalten.

7.

Ich wende mich nun zu der Entgegnung des Herrn Löffler auf die Behauptung aller Gutachter, daß er bei der Behandlung des Innentriebes das Wechselwirkungsgesetz der Mechanik verletzt habe (S. 13—15 und insbesondere S. 64—67 der Streitschrift) und führe zunächst den Tatbestand an:

In Abb. 1 ist das Bild 28, S. 5 des Löfflerschen Buches wiedergegeben, das in dem Bild 3 S. 15 der Streitschrift von ihm wiederholt ist und auf das die Gutachter bei ihrer Ausstellung Bezug nehmen.

    1 ist die treibende Rolle,
    2 die getriebene Rolle.

In der den Punkt B*) umgebenden kleinen Berührungsfläche wirken die ausgezogen gezeichneten Kräfte K (Normalkraft) und Z (Tangentialkraft) von der getriebenen Rolle 2 auf die treibende Rolle 1; die gestrichelt gezeichneten Kräfte K und Z von der treibenden Rolle 1 auf die getriebene Rolle 2.

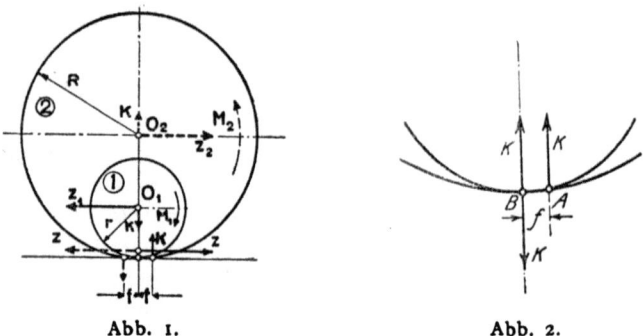

Abb. 1.   Abb. 2.

Ich hatte in meinem Gutachten beanstandet, daß diese Abbildungen (und mehrere andere mit ähnlicher Darstellung) gegen das Grundgesetz der Mechanik von Wirkung und Gegenwirkung verstoßen, da die Gegenkraft K um einen endlichen Hebelarm $2f$ gegen die Kraft verschoben wird. Herr Löffler sagt auf S. 15 der Streitschrift: Herr Meyer „unterlasse für diese seine Behauptung jeden Nachweis!" Ist denn der Nachweis nicht vollständig erbracht durch die Feststellung, daß die Gegenkraft von Herrn Löffler um den endlichen Hebelarm $2f$ gegenüber der Kraft verschoben ist!

Jetzt behauptet Herr Löffler, die Kraft K greife eigentlich gar nicht an dem Hebelarm f, sondern in der Mittelebene der Räder im Punkt B an, da man ja die Kraft K am Hebelarm f durch eine Kraft in B und ein Moment Kf ersetzen kann

---

*) Für die Bezeichnungen A und B vgl. Abb. 2.

(s. Abb. 2), und die so entstehenden Momente seien keine statischen Momente, sondern Widerstandsmomente zur Wertung der Formveränderungsverluste. Man könne sich daher die Verhältnisse nach Abb. 3 vorstellen (Bild 4 auf S. 15 der Streitschrift), in der Kraft und Gegenkraft K in B angreifen und außerdem an jedem Rade die Formänderungsmomente M_f, beide in gleichem Sinne wirkend, hinzuzufügen sind.

Wie ist es nun in Wirklichkeit?

Durch die Berührung der beiden Rollen entsteht eine Berührungsfläche, deren Länge jedenfalls größer ist als der Hebel-

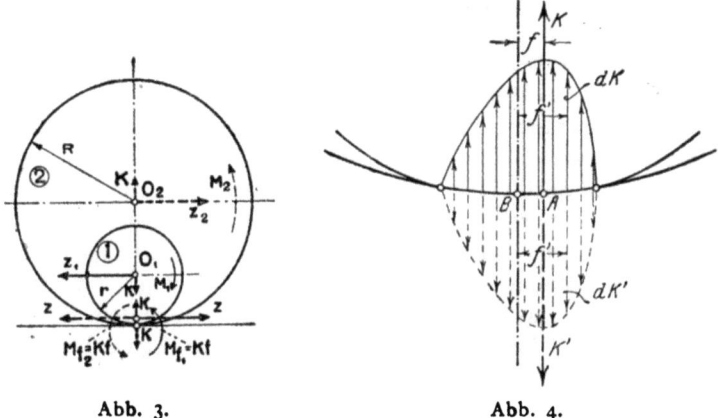

Abb. 3.   Abb. 4.

arm f. Die von dem Körper aufeinander übertragenen Kräfte verteilen sich auf diese Berührungsfläche und zwar die Normalkräfte dK etwa so, wie dies in der Abb. 4 mit übertrieben groß gezeichneter Berührungsfläche geschehen ist.

Die Resultierende aller in den einzelnen Punkten angreifenden Kräfte dK ist die Kraft K des Herrn Löffler; ihr Hebelarm K liegt im Sinne des Rollens vor der Rollenmitte. In Wirklichkeit wirkt natürlich nicht die Resultierende in A, sondern es wirken die einzelnen Kräfte dK in den einzelnen Berührungspunkten. Von einer Resultierenden zu sprechen, ist nur eine Abstraktion der Mechanik, die hinsichtlich der auftretenden Formänderungen unberechtigt wäre, da es für diese Formänderungen auf die Verteilung der Kräfte über die Auflagerfläche ankommt.

Für die Aufstellung der Gleichgewichtsbedingungen der Rolle darf man aber diese Abstraktion machen, indem die Summe der Momente der einzelnen Kräfte $\Sigma d K f'$ gleich dem Moment der Resultierenden $K f$ ist.

Ebenso ist es eine Abstraktion der Mechanik, wenn man die Kraft K in A als gleichwertig einer gleichgerichteten Kraft K in B und einem Kräftepaar $K f$ nach Abb. 2 ansieht; auch sie ist zwar berechtigt bei der Aufstellung der Gleichgewichtsbedingungen für die Rolle, da sich die beiden Kräfte K in B für sich das Gleichgewicht halten und daher K in A wie vorher übrigbleibt, sie wäre aber bei der Betrachtung der Formänderung in den Berührungsflächen ebenfalls ganz unzulässig.

Das Kräftepaar $K f$ kann man auch, wie das Herr L. tut, als Moment M_f bezeichnen. Auch kann man nach dem Vorgang des Herrn L. das Moment $K f$ etwa mit dem Moment vergleichen, das ein eingemauerter Balken von der Mauer erfährt, in der er eingespannt ist (Bild 23, S. 65 der Streitschrift). Es ist aber nun eine unumstößliche Wahrheit, die wohl auch Herr Löffler nicht leugnen wird, daß wenn der Balken von der Mauer ein Moment erfährt, das z. B. im Uhrzeigersinn wirkt, dann umgekehrt die Mauer vom Balken beansprucht wird mit einem Gegenmoment, das in umgekehrter Richtung, also in dem Beispiel entgegen dem Uhrzeigersinn, gerichtet ist, und ebenso klar und unumstößlich ist schon auf Grund eines instinktiven Gefühls für die mechanischen Verhältnisse in der Natur die Tatsache, daß, wenn das Rad 2 auf das Rad 1 ein Moment M_{f_1} ausübt (Abb. 3), dann das Rad 1 auf das Rad 2 mit einem Gegenmoment M_{f_2} wirkt, das dem ersteren Moment entgegengesetzt gerichtet ist und nicht gleichgerichtet, wie dies Herr Löffler annimmt!

An der Hand der Abb. 4 kann dies so ausgesprochen werden: Die Gegenkräfte $d K'$ in den einzelnen Berührungspunkten der Berührungsfläche, die von dem Rad 1 auf das Rad 2 ausgeübt werden, wirken an dem gleichen Hebelarm, wie die Kräfte $d K$, sind diesen aber entgegengesetzt gerichtet. Es ist also ihr Moment $M_{f_2} = \Sigma d K' f'$ gleich und entgegengesetzt gerichtet dem Moment $\Sigma d K f = M_{f_1}$.

Das in Abb. 3 wiedergegebene Bild 27 der Streitschrift, durch das er in seiner „Widerlegung" das Bild 28 seines Buches ersetzt, und in dem die Formänderungsmomente M_{f_1} und M_{f_2} der beiden

Räder in gleichem Sinne wirkend angenommen werden, widerspricht daher ebenso in der elementarsten Weise dem Wechselwirkungsgesetz, wie es die Abb. 28 seines Buches getan hatte und daran kann selbstverständlich auch die Bezeichnung „Formänderungsmoment" statt „statisches Moment" nichts ändern!

Gewiß treten sowohl am einen wie am anderen Rade Energieverluste auf. Dem treibenden Moment wirken also an beiden Rädern widerstehende Momente entgegen. Um sie zu berücksichtigen, darf man eben nicht, wie dies Herr L. tut, die Kraft K als Resultierende aller Auflagerwiderstände in der Berührungsfläche parallel zur Achse $O_1 O_2$ (Abb. 1) gerichtet annehmen, sie wirkt vielmehr im allgemeinen Falle schief dazu und schneidet diese Achse zwischen O_1 und O_2.

Auf diesen Weg, auf den man ohne Verstoß gegen das Wechselwirkungsgesetz dem Umstande Rechnung tragen kann, daß bei einem Innentrieb sowohl am einen, als auch am anderen Rade Formänderungsverluste auftreten, habe ich Herrn Löffler gleich beim Erscheinen meines Buches mündlich hingewiesen, und Herr Professor Gümbel hat in seinem Gutachten in einwandfreier Weise nachgewiesen, welche Ansätze dazu zu machen sind.

Mit meiner Darstellung, warum Herr Löffler das Wechselwirkungsgesetz in seinem Buche und auch wieder in seiner Streitschrift verletzt hat, vergleiche man die folgenden Ausführungen in der Streitschrift (S. 66 und 67), in denen Herr Löffler diesen Vorwurf zurückweist:

„Besonders die Darstellung der Kraftwirkungen am Innenwalzentrieb (Bild 29) hat bei einseitigen Theoretikern die Auffassung hervorgerufen, daß die gezeichnete Lage der Auflagekräfte K an der Kraftübertragungsstelle dem Wechselwirkungsgesetz der Mechanik widerspreche.

Eine solche Verkennung der Tatsachen ist nur dadurch erklärlich, daß diese Theoretiker in die zeichnerische Darstellung der Formänderungsmomente etwas hineindeuten, was darin gar nicht vorhanden ist. Sie sehen die gezeichnete Lage der Auflagekräfte K als wirkliche Lage der Kräfte an, während sie wissen müßten, daß die Gegenkräfte K in Wirklichkeit in der Mittelebene der beiden Drehachsen, entsprechend Bild 27*), wirken müssen, und daß diese Kräfte unmittelbar kein statisches Drehmoment in bezug auf diese Achsen ergeben können.

---

*) Hier Abb. 3.

Die Formänderungsmomente K . f sind keine statischen Momente der Kraft K, sondern Widerstandsmomente, die zur Wertung der Übertragungsverluste in die statische Momentbeziehung der Kräfte an jeder Rolle eingeführt werden. **Als Widerstandsmomente sind sie daher auch stets dem Momente der treibenden Kräfte entgegenwirkend einzuführen.**"

Eine Bemerkung zu diesen Ausführungen hinzuzufügen, halte ich nach meinen vorstehenden Darlegungen zur Sache und um den Eindruck dieser Ausführungen nicht abzuschwächen, für überflüssig.

8.

Bei den verwickelten Reibungsvorgängen der Technik kommen zweifellos neben den von Fräulein Jakob beobachteten Erscheinungen auch die Unebenheiten der Oberfläche, die Herr L. vielfach „Oberflächenzähne" nennt, zur Geltung. Das Bild, das er sich von ihrem Einfluß macht, fordert aber zum Widerspruch heraus. Nach den im Buche vertretenen und in der Streitschrift wiederholten Anschauungen greifen bei dem Aufeinanderwälzen zweier Körper diese Oberflächenzähne wie Zähne eines Zahnrades ineinander und verhindern jedes Gleiten der Oberflächen gegeneinander. Ein Gleiten und damit Reibungswiderstände im eigentlichen Sinne treten erst auf, wenn durch entsprechend große Zahnkräfte die mikroskopisch kleinen Oberflächenzähne so weit abgebogen werden, daß die Zähne des einen Körpers über diejenigen des anderen hinweggleiten. Der Reibungswiderstand der festen Körper ist bedingt durch die Formänderungsarbeit, die beim Verbiegen dieser Oberflächenzähne aufgebraucht wird.

Für die Beurteilung der zu besprechenden Löfflerschen Ausführungen kommt es darauf an, von welcher Größenordnung etwa die Strecke ist, um die sich im Mittel diese Oberflächenzähne im Angriffspunkt der Reibungskräfte federnd durchbiegen und nach Aufhören der Kraft wieder zurückbiegen. Es läßt sich, wie aus dem Folgenden ersichtlich ist, leicht abschätzen, unter welchem Betrag diese Durchbiegung im Mittel sicher bleiben muß.

Die größte Durchbiegung erleiden bei gegebener größter Biegungsspannung Körper, die als Körper gleicher Festigkeit geformt sind. Für einen solchen von quadratischem oder kreisförmigem Querschnitt, dessen unterster Querschnitt die Seitenlänge oder den Durchmesser a besitzt, und der die größte Biegungsspannung σ erleidet, ergibt sich aus einer leichten Rechnung das Verhältnis der federnden Durchbiegung f zu seiner Länge l aus der Formel

$$\frac{f}{l} = \frac{6}{5} \frac{\sigma}{E} \frac{l}{a}.$$

Die Größenordnung der Durchbiegung bleibt die gleiche, wenn der Querschnitt nicht quadratisch oder kreisförmig, aber doch wenigstens so gestaltet ist, daß sein Höhenmaß nicht stark von seinem Breitenmaß abweicht, wie dies im Mittel bei den Oberflächenunebenheiten zu erwarten ist.

Unter E ist das Elastizitätsmaß des Körpers verstanden, für Flußeisen z. B. kann es rund $= 2\,000\,000$ kgcm^{-2} gesetzt werden. Die Biegungsspannung σ ist für dieses Material mit $= 4000$ kgcm^{-2} sicher eher zu hoch als zu niedrig veranschlagt. Schließlich ist das Verhältnis der Länge der Oberflächenzähne zu der Seitenabmessung ihres Querschnittes im Mittel sicher kleiner als $l:a = 5$. Unter dieser Annahme ergibt sich, daß $\frac{f}{l}$ sicher kleiner als $\frac{1{,}2}{100}$ sein muß. In Wirklichkeit wird es noch erheblich geringer sein, denn es ist wegen des Abschleifens der Oberflächenunebenheiten eher zu erwarten, daß die Seitenlänge a ihrer Querschnitte größer ist als ihre Länge, so daß man also mit mehr Wahrscheinlichkeit $l:a$ kleiner als 1 setzen müßte und damit $f:l$ noch erheblich kleiner als den eben berechneten Wert bekommen würde.

Für Messing, Lagermetalle usw. wäre wohl E kleiner zu nehmen, es müßte aber auch σ erheblich kleiner genommen werden, so daß auch bei solchen Materialien das Verhältnis $f:l$ sicher kleiner als $\frac{1{,}2}{100}$ ist.

In neuester Zeit hat Vieweg (Zwanglose Mitteilungen für die Mitglieder des Vereins deutscher Maschinenbauanstalten 1919, S. 627) Versuche an einem Ringschmierlager eines fünfzigpferdigen Gleichstrommotors über die Höhe der Oberflächenunebenheiten, die er „Zacken" nennt, im Maschinenlaboratorium der Physikalisch-Technischen Reichsanstalt angestellt und nach ihnen die mittlere doppelte Zackenhöhe zu etwa 10—15 tausendstel mm angegeben. Ihre federnde Durchbiegung könnte also nach Obigem im günstigsten Falle nur etwa von der Größenordnung $1/_{10000}$ mm, würde aber wahrscheinlich noch viel kleiner sein. Aber auch wenn die Zacken beim Viewegschen Versuche nicht bis auf den Grund ineinandergegriffen haben oder wenn bei weniger glatten Körpern die Zackenlänge sogar zehnmal größer, also von der Größenordnung $1/_{10}$ mm wäre (eine mit so hohen Oberflächenzähnen bedeckte Fläche würde sich rauh anfühlen, und diese Zähne wären mit der Lupe gut sichtbar), so wäre die Größenordnung ihrer federnden Durchbiegung unter der Wirkung der Reibung doch nach obiger Rechnung sicher kleiner als $1/_{1000}$ mm.

9.

Da Herr Löffler den Reibungswiderstand ausschließlich durch das Abbiegen der Oberflächenzähne bedingt ansieht, so ist es von seinem Standpunkt aus verständlich, wenn er die Reibung bis zum Beginn der sichtbaren Bewegung nicht „Reibung der Ruhe" nennen will; sie aber Anlaufreibung zu nennen, scheint mir deshalb verfehlt zu sein, weil man in der Technik unter dem „Anlaufen" die Bewegung eines Schwungrades, einer Lokomotive, eines Schiffes oder dgl. von der Inbetriebsetzung bis zur Erreichung der normalen Betriebsgeschwindigkeit, also während der ganzen Beschleunigungsperiode versteht, während doch die Reibung auch wohl nach der Ansicht des Herrn Löffler sicher nicht von der Beschleunigung oder Verzögerung eines Körpers abhängig ist.

Neben dem Ausdruck „Reibung der Ruhe" hat sich vielfach auch schon die Bezeichnung „Haftreibung" eingebürgert, die wohl dem Ausdruck „Anlaufreibung" vorzuziehen ist. Doch will ich auf diese Meinungsverschiedenheit in Wortbezeichnungen keinen Nachdruck legen.

Nun hat aber Herr Löffler auch von einer „Auslaufreibung" gesprochen. Auf S. 104 seines Buches findet sich der Satz:

„Es gibt auch einen dem Auslauf von bewegten Massen ähnlichen Zustand der Reibung („Auslaufreibung'), da sich beim Aufhören der Bewegung die abgebogenen kleinen Oberflächenzähne beider Körper wieder aufrichten, wobei Gegenkräfte entstehen

müssen, ähnlich den beim Auslauf von bewegten Körpern frei werdenden Massenkräften."

In seiner Streitschrift sagt er auf S. 59:

„Im Auslauf der Bewegung richten sich die elastischen Zähne beider Körper wieder auf, der Widerstand vergrößert sich (Auslaufreibung W_a)."

Wenn sich die Oberflächenzähne wieder aufrichten, so müssen beide Körper sich in entgegengesetzter Richtung zueinander bewegen, wie vorher beim Gleiten. Da Herr Löffler das Wesen der Reibung in dem von ihm geschilderten Verhalten der Oberflächenzähne sieht, so würde es also im Wesen der Reibung liegen, daß sie eine der ursprünglichen Bewegung entgegengesetzte Bewegung erzeugt. Die Reibung wäre also unter Umständen bewegungserzeugend! (Das Rückfedern einer ganzen Konstruktion in dem Augenblicke, in dem die Reibungskraft zu wirken aufhört, hat naturgemäß mit dieser Frage nichts zu tun.) Aus dieser Überlegung heraus hatte ich den Satz des Herrn Löffler angeführt mit den Worten meines Gutachtens (Streitschrift, S. 23):

„Eine völlige Verleugnung aller bisher gemachten Erfahrungen und der daraus gewonnenen mechanischen Anschauungen über das Wesen der Reibung leistet sich der Verfasser mit seiner Entdeckung der ‚Auslaufreibung', indem er in sicherem Tone ausspricht: ..."
(Es folgen die vorstehend angeführten Sätze.)

Wenn Herr Löffler aus seiner Anschauung auf das Vorhandensein einer Auslaufreibung schloß, von deren Vorhandensein in der Literatur bisher noch nie die Rede und die noch von keinem Forscher beobachtet worden war, so wäre es in der Tat wohl vorsichtiger von ihm gewesen, sie als Vermutung aufzustellen und die Bestätigung ihres Vorhandenseins und damit die Richtigkeit seiner Anschauungen Versuchen zu überlassen; statt dessen aber entgegnet er auf meine Ausstellung die folgenden mit „Widerlegung" überschriebenen Sätze (Streitschrift, S. 23):

„Nicht Verleugnung, sondern Würdigung der bisherigen Erfahrungen zwingen dazu, Anlauf- und Auslaufreibung als Übergangszustände einzuführen, die Herr Meyer verkennt, weil er an der überlieferten Auffassung haftet. Wenn die ‚Reibung der Ruhe', die ich Anlaufreibung nenne, tatsächlich sehr klein oder Null werden könnte, wie Herr Meyer meint (S. 11), könnte auch die

Auslaufreibung Null werden, was Widersinn ist. Die Erfahrung lehrt, daß sie immer größer ist als die Bewegungsreibung, wovon sich jedermann täglich überzeugen kann, wenn z. B. ein gebremster Wagen mit einem Ruck stillsteht. Der anschauliche Vergleich mit der Massenbewegung ist daher auch gerechtfertigt . . .

Wie die Anlaufreibung größer ist als die Reibung der Bewegung, so muß es auch die Auslaufreibung sein, weil sie den Anfangszustand wiederherstellt."

Wenn sich die Oberflächenzähne wieder aufrichten, also entspannen, so muß doch die zwischen ihnen wirkende Kraft kleiner und kleiner werden, bis sie am Ende des Wiederaufrichtens Null ist. Die Anschauung des Herrn Löffler, daß beim Wiederaufrichten die Kräfte größer werden, stimmt daher keinesfalls mit seinem Bilde und ist von seinem eigenen Standpunkt aus falsch.

Für den Stoß, den man bei scharfem Bremsen in einem Wagen verspürt, dürfte eine Ursache darin liegen, daß die Verzögerung plötzlich aufhört, wenn die Reibungskraft aufhört. Nun mußte man aber, um die Verzögerungskraft aufzunehmen, während der Verzögerungsperiode seinen Körper gegenüber dem Wagen anders einstellen, wie dies während der gleichförmigen Fahrt oder während der Ruhe erforderlich ist. Hört die Verzögerungskraft plötzlich auf, so ist also der Körper nicht mehr in seiner Gleichgewichtslage; die Plötzlichkeit dieses Wechsels muß sich wie ein Stoß bemerkbar machen.

Außerdem aber wirken bei einem Wagen am Ende des Auslaufens die Formänderungen des Wagens, seiner Tragfedern, des Wagengestelles, der Pufferfedern, die bei der Entspannung sich einstellen und durch die eine kurze ruckartige Rückwärtsbewegung des Wagenkastens in der Tat entsteht, in hohem Maße mit auf die Erscheinungen, die der Fahrgast wahrnimmt.

Aus einem Zusammenwirken so vielfacher und teilweise so verwickelter Erscheinungen will Herr Löffler auf die Wirkung des Wiederaufrichtens der Oberflächenzähne, bei denen es sich um Bewegungen von sicher weniger als $1/1000$ mm handeln kann, schließen und auch in der Streitschrift spricht er seine Anschauungen als durch die tägliche Erfahrung erwiesene Tatsache mit einer Sicherheit aus, die wohl auf den Laien und etwa auf den Fachmann, der ganz flüchtig die Streitschrift durchblättert, Eindruck machen kann, bei reiflicher Überlegung sicher aber nicht zugunsten der Anschauung des Herrn Löffler spricht. Denn selbst dem Laien wird es dann klar, daß durch das Wiederaufrichten von mikroskopischen Unebenheiten zwischen Schiene und Rad oder Rad und Bremsklotz unmöglich der Ruck hervorgerufen werden kann, der ihn aus dem Gleichgewicht bringt!

10.

Der Riementheorie des Herrn Löffler liegt die Annahme zugrunde, daß der Riemen die gleiche Geschwindigkeit besitzt wie die Scheiben.

Um den Leser in die hier in Betracht kommenden Anschauungen einzuführen, führe ich an, was in den Maschinenelementen von C. Bach, dem verbreitetsten und angesehensten Lehrbuch auf diesem Gebiet über das Verhalten des Riemens auf der Scheibe gesagt ist. Ich lege dabei die 10. Auflage, die 1908, also 4 Jahre vor dem Löfflerschen Buch erschienen ist, zugrunde*).

Nachdem Bach zuerst dargelegt hat, daß z. B. auf der treibenden Scheibe die Faden- (Riemen-) Spannung von einem höheren Werte S_1 auf einen niedrigeren Wert S_2 abnehmen muß, sagt er mit den Bezeichnungen: f = Riemenquerschnitt und $P = S_1 - S_2$ = übertragene Umfangskraft auf S. 414 seines Buches:

Wie aus den früheren Darlegungen folgt, wird ein Fadenstück, welches z. B. bei seinem Auflauf auf die treibende Scheibe (in a) die Länge l besaß, bei seinem Ablauf (in d) kürzer geworden sein, entsprechend der Abnahme der Spannung S_1 (bei a) auf S_2 (bei d) also um

$$\frac{S_1 - S_2}{f} a, \quad (367)$$

sofern der Dehnungskoeffizient a des Fadenmaterials als unveränderlich vorausgesetzt werden darf. Hiernach wickelt die treibende Scheibe zwar die Fadenlänge l bei a auf, gibt jedoch bei d nur die Fadenlänge

$$1 - \frac{S_1 - S_2}{f} a$$

---

*) In der neuesten 11. Auflage 1913 sind diese Ausführungen in gleicher Weise enthalten.

wieder ab. Demzufolge erfährt der Faden gegenüber der treibenden Scheibe einen Geschwindigkeitsverlust gemäß Gleichung 367. Daher wird die getriebene Scheibe, unter welcher sich der Faden wieder ausdehnt, eine kleinere Geschwindigkeit besitzen müssen, als die treibende.

Ist v_1 die Geschwindigkeit der letzteren und v_2 diejenige der ersteren Scheibe, so ergibt sich dieser verhältnismäßige Geschwindigkeitsverlust zu

$$\psi = \frac{v_1 - v_2}{v_1} = \left(\frac{S_1 - S_2}{f}\right)\alpha = \frac{P}{f}\alpha.$$

Die im vorstehenden behandelte Längenänderung des Fadens, welche aus Anlaß der Änderung der Spannung von S_1 in S_2 und von S_2 in S_1 infolge der Elastizität des Fadenmaterials eintritt, kann aufgefaßt werden als ein Nachbleiben des Fadens, als ein Gleiten desselben gegenüber der treibenden Rolle, entgegengesetzt der Bewegung der letzteren bzw. als ein Voreilen des Fadens gegen die getriebene Rolle, als ein Gleiten desselben gegenüber der letzteren im Sinne der Bewegung.

D a s   G l e i t e n   d e s   F a d e n s   a u f   d e n   S c h e i b e n   l e d i g l i c h   i n f o l g e   d e r   E l a s t i z i t ä t   d e s   F a d e n m a t e r i a l s   i s t   u n v e r m e i d l i c h *), *und wohl zu unterscheiden von dem Gleiten des Fadens infolge ungenügender Reibung zwischen Faden und Scheibe, welches vermieden werden kann.*

Auf S. 434 bezeichnet **Bach** den in der vorstehend erwähnten Formel definierten verhältnismäßigen Geschwindigkeitsverlust ψ als Geschwindigkeitsverlust infolge des Gleitens des Riemens und schreibt hier:

„*Da das in der natürlichen Elastizität des Materials begründete Gleiten unvermeidlich ist, so muß das Verfahren, den Riemen durch Bestreuen der Scheibe mit rauh machenden Stoffen zum Durchziehen zu veranlassen, zu einer Verkürzung der Dauer desselben führen!*"

Trotz dieser in einem führenden Werke des Maschinen-Ingenieurwesens ausgesprochenen und begründeten Anschauung, daß ein Gleiten des Riemens auf den Scheiben infolge des Spannungswechsels beim Riementrieb unvermeidlich sei, die, wie ich weiter unten zeigen werde, von allen auf dem Gebiete der Riemen-

---

*) Der Sperrdruck findet sich in dem Werke von **Bach** und ist nicht etwa von mir hinzugefügt!

— 34 —

kunde tätigen Fachgenossen geteilt und der meines Wissens noch nirgends widersprochen ist, hat Herr Löffler in seinem Buche, wie gesagt, die gegenteilige Annahme zugrunde gelegt, daß der Riemen nicht gleitet. Er weist bei ihrer Einführung nicht etwa darauf hin, daß er sich mit allen Fachgenossen damit im Widerspruch befindet und gibt nicht die Gründe an, die ihn zu einer so neuen und eigenartigen Stellungnahme führen, sondern verfügt sie in seinem Buche ohne jede Begründung durch den Satz (S. 69 des Buches):

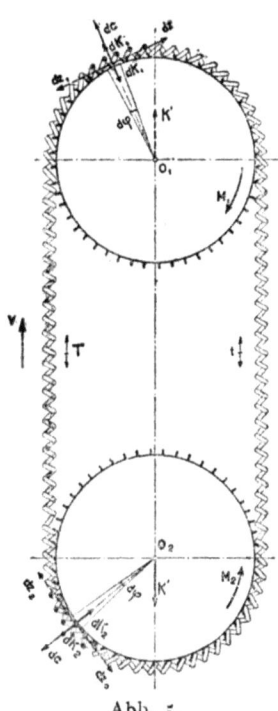

Abb. 5.

„... für die weitere Untersuchung werde vorausgesetzt, daß bei Drehung der treibenden Scheibe zunächst der Riemen und durch diesen die 2. Scheibe mit der gleichen Geschwindigkeit ohne Gleiten (Schlupf) mitgenommen werde."

In seiner Streitschrift versteift sich nun Herr Löffler weiter auf diese Ansicht. Ich führe daraus die folgenden Worte an (S. 40):

„Herr Meyer nennt eine Riementheorie, die nicht auf das Schlüpfen des Riemens Rücksicht nimmt, ein Unding, wenn bestimmte Aussagen über die Verteilung der Kräfte und Arbeitsverluste über den umspannten Bogen gemacht werden. Seine Ansichten zeigen, daß es anscheinend nicht leicht ist, sich die Kraftwirkungen beim Riementrieb richtig vorzustellen.

Die Darstellung des parallelläufigen Riementriebs im Bild 14*) soll der Vorstellung zu Hilfe kommen. Der Riemen ist als Spiralfeder gedacht; an den Scheiben bewirken dünne Zähne die Kraftübertragung. Dieser Riementrieb ist somit einem Zahnkettentrieb sehr ähnlich, die Spannungsverteilung der Feder gibt aber einen anschaulichen Vergleich mit einem gewöhnlichen Riementrieb. Unter der Einwirkung der Umfangskräfte biegen sich die dünnen Zähne, und die Riemenfeder wird deformiert. Aber erst wenn die

---

*) Dieses Bild ist hier in Abb. 5 wiedergegeben.

Zähne sich bei zu großer Umfangskraft vollständig abbiegen, oder wenn sie brechen, wird die treibende Scheibe an den Federgliedern hinweggleiten und bleibender Schlupf eintreten, in welchem Falle, wie bei einer Bandbremse, ein Reibungswiderstand wirkt, Kraft aber nicht mehr übertragen wird.

Für die Untersuchung der Kraftübertragung beim Riementrieb kann somit unmöglich dieser Schlupfzustand der Gleitreibung maßgebend sein, sondern nur der Zustand, bei dem ordnungsmäßig Mitnahme des Riemens ohne tangentialen Gleitschlupf erfolgt.

Die durch die Riemenspannungen hervorgerufenen Längen- und Formenänderungen erzeugen nur, wie dies auch Kammerer in seinen Veröffentlichungen hervorgehoben hat, einen ,,scheinbaren Riemenschlupf", besser Formänderungsschlupf genannt (vgl. S. 59). Dieser erhöht wohl die Formänderungsverluste, hat aber gar nichts zu tun mit einem tangentialen Gleiten der Scheibe gegenüber dem Riemen im Sinne der Reibungstheorie (Bandbremse)."

Außer durch die eben angeführten Sätze ist die Riementheorie des Herrn Löffler noch dadurch gekennzeichnet, daß er annimmt, die Spannungen im Riemen ändern sich nicht bloß bei dem Grenzzustand, der nach Bach durch ein Gleiten des Fadens infolge ungenügender Reibung gekennzeichnet ist, sondern auch bei dem normalen Betriebszustand (bei dem also nach Bach ein unvermeidliches Gleiten infolge der Elastizität des Riemens eintritt) jeweils auf dem ganzen umschlungenen Bogen nach einem Exponentialgesetz $S = S_2 e^{\zeta \varphi}$, wo ζ eine für jede Belastung auf dem ganzen umschlungenen Bogen konstante Größe sei (φ ist hier der zwischen der Auflauf- oder Ablaufstelle und dem Querschnitt, in dem die Spannung S herrscht, eingeschlossene Zentriwinkel). Diese Formel begründet er nicht etwa aus seinen Anschauungen heraus, sondern durch die Behauptung (Buch, S. 77):

,,Nach den Ausführungen bei Bandbremsen mit glattem Bremsband kann angenommen werden, daß auch bei einem Riementrieb die Änderung der Spannungen und der Auflagedrücke nach einem ähnlichen Gesetz erfolgt, wie bei den angeführten Bandbremsen."

Diese Annahme macht Herr Löffler, obgleich bei Bandbremsen die Bremsscheibe unter dem Bande weggleitet, während er bei dem Riemen jedes Gleiten des Riemens auf der Scheibe ausdrücklich ausschließt!

II.

Ich möchte nun einmal die Folgerungen aus den Annahmen des Herrn Löffler ziehen und benütze als Beispiel einen Riemen von 5 mm Dicke, der mit 20 m/sk. Umfangsgeschwindigkeit auf schmiedeeisernen Scheiben von je 1 m Durchmesser läuft und dabei 26 kgcm^{-2} Nutzspannung und 15 kgcm^{-2} Spannung im gezogenen Trum besitzt. (Wäre die letztere größer, so würde auch die Verlängerung des Riemens sich größer ergeben.) Das mittlere Elastizitätsmaß des Leders dürfte nach den Versuchen von Kammerer im laufenden Riemen sicher mit 3000 kgcm^{-2} nicht zu niedrig gegriffen sein, selbst wenn man dem Umstande Rechnung trägt, daß vielleicht bei dem raschen Spannungswechsel die Längenänderungen nicht so groß werden, wie bei langsam zunehmender Belastung. Dann ergibt sich, unter Benutzung des Exponentialgesetzes, wie es Herr L. für den ganzen umschlungenen Bogen als gültig ansieht, daß der Riemen auf der getriebenen Scheibe bei der Spannungssteigerung nach diesem Gesetz seine Länge um 5,7 mm ändern, daß also bei einer vollkommen starren Scheibe der Riemen sich von der Auflaufstelle bis zur Ablaufstelle relativ zu dem Scheibenpunkt, auf den er aufgelaufen ist, um 5,7 mm in der Drehrichtung verschieben muß. Nun empfängt auch die Scheibe die Kraftsteigerung; da aber ihr Elastizitätsmaß rd. $\frac{2\,000\,000}{3000} = 677$ mal größer ist, wie dasjenige des Leders, so würde sich ihr Umfang nur um rd. $1/100$ mm verlängern, selbst wenn ihr Querschnitt nicht größer als der Riemenquerschnitt wäre. Die Oberflächenzähne der Scheibe, die nach Herrn Löffler in Berührung mit dem Riemen sind, können sich nach dem oben S. 29 Gesagten höchstens um $1/1000$ mm federnd durchbiegen (für bleibende Durchbiegungen käme auch nur die Größenordnung ihrer Länge in Betracht) und so folgt daraus also, daß die Oberflächenzähne des Riemens sich um mehr als 5 mm zurückbiegen und daß sie etwa wie die Saugarme eines Polypen sich mit ihren vorderen Enden an den Oberflächenzähnen, auf die sie aufgelaufen sind, festhalten müßten, sollten sie mit diesen während des Überganges über die Scheibe dauernd in

Berührung bleiben und den reinen Formänderungsschlupf des Herrn L. ausführen. Und wenn man auch das Elastizitätsmaß des Leders noch sehr viel größer annimmt oder über die Verteilung der Spannungszunahme über den umschlungenen Bogen bei Belastungen unterhalb des Grenzzustandes eine der Wirklichkeit mehr entsprechende Annahme macht als die Löfflersche, so bleiben doch mehrere Millimeter übrig, die der Riemen zwischen Auflauf und Ablauf relativ zur Scheibe zurücklegen muß, um die Spannungsänderung aufzunehmen, und damit die Unmöglichkeit, daß die mikroskopischen Oberflächenunebenheiten, die beim Auflauf in Berührung miteinander waren, während des Laufens des Riemens über die Scheibe miteinander in Berührung bleiben.

Man kann nun aber auch umgekehrt zuerst die Spannungsverteilung fraglich lassen und die Annahme festhalten, daß auf der ganzen Scheibe die Oberflächenzähne (Unebenheiten) von Riemen und Scheibe in Berührung bleiben, so wie die Glieder der Federkette an den Zähnen des Zahnkettentriebes in dem Bilde 14 des Herrn Löffler, das Abb. 5 wiedergibt. Was folgt dann für die Spannungsverteilung?

Die Oberflächenzähne der Scheibe können nur um höchstens $1/1000$ mm, der Scheibenkranz nur um $1/100$ mm und auch die Oberflächenzähne des Riemens nur um einen Betrag in dieser Größenordnung nachgeben. Der Riemen kann sich also bei dem Übergang über die treibende Scheibe höchstens um wenige hundertstel Millimeter verlängern. Um die der übertragenen Kraft entsprechende Spannungssteigerung zu erfahren, müßte er sich aber um mehr als 5 mm verlängern. Die Folge wird sein, daß er beim Übergang über die getriebene Scheibe zunächst fast gar keine Spannungssteigerung erfährt, ebensowenig wie die Glieder einer sehr elastischen Federkette nach Abb. 5, die in die sehr viel starreren Zähne eines Zahnrades eingebettet sind, ohne daß sie die der Spannungssteigerung entsprechende Formänderung annehmen könnten. Der Riemen käme daher beinahe noch mit der Spannung, die er im gezogenen Trum hatte, an der Ablaufstelle der getriebenen Scheibe an und müßte hier, wenn nun seine Formänderung freigegeben ist, plötzlich auf die Spannung im abziehenden Trum gebracht werden. Diese große Spannungssteigerung müßte aber von den letzten Reihen der Oberflächenzähne aufgenommen werden, die also fast die ganze Umfangskraft auf die Scheibe zu übertragen hätten. (In Abb. 5 wäre es der letzte Zahn, der nahezu die ganze von der Federkette übertragene Kraft aufzunehmen hätte.) Die natürliche Folge wäre, daß diese Zähne abbrechen oder sich so weit durchbiegen würden, daß nun ein Gleiten des Riemens erfolgt und damit die nächstfolgende Reihe von Oberflächenzähnen zur Kraftübertragung mit herangezogen wird. Auch sie sind noch zu schwach, werden ebenfalls wieder abgebogen; so gleitet der Riemen weiter und dieses Gleiten pflanzt sich so lange nach der Auflaufstelle der getriebenen Scheibe zu fort, bis schließlich die bei diesem Gleiten hervorgerufenen Reibungskräfte ausreichen, um die Umfangskraft aufzunehmen. Weiter nach hinten zu gelegene Oberflächenzähne oder Unebenheiten müssen daher zur Kraftübertragung nicht mehr mitwirken; mit ihnen bleibt also der Riemen in Berührung, ohne zu gleiten. So ergibt sich auch aus der folgerichtigen Durchbildung des Löfflerschen Bildes der Oberflächenzähne die von Grashof ausgesprochene Anschauung, auf die Brauer in der Z. d. V. d. I. 1908, S. 965 die Fachgenossen erneut aufmerksam gemacht hat, nach welcher der Riemen nur auf einem Teil des Scheibenumfanges („Gleitbogen" oder „Gleitwinkel") die seiner Elastizität entsprechende Gleitbewegung ausführt und hier die Umfangskraft überträgt und damit die Spannungsänderung erleidet, während auf dem nicht zur Kraftübertragung benötigten Teil des Umschlingungsbogens der Riemen relativ zur Scheibe in Ruhe bleibt und somit auch keine merkliche Spannungsänderung mehr erfährt, dem „Ruhebogen".

Auch nach den Anschauungen des Herrn Löffler ist es daher ausgeschlossen, daß im Betriebszustand des Riemens sich die Riemenspannung gleichmäßig auf dem ganzen Umschlingungsbogen nach einem Exponentialgesetz $S = S_2 e^{\zeta \varphi}$ ändert.

So widersprechen sich also die Annahmen des Herrn Löffler gegenseitig und die eine folgerichtig durchgedacht, führt gerade zu demjenigen Ergebnis, das er durch die andere als unrichtig ausschließt. Ich glaube, der Vorwurf des Mangels an Logik, der ihm von den Gutachtern gemacht worden ist, dürfte nach dieser Probe nur zu berechtigt sein.

12.

Bei den Riemenversuchen des Herrn Kammerer wurde sichere Kraftübertragung noch erhalten, wenn die Reibungszahl μ (aus der Formel: $S_1 = S_2 e^{\mu \varphi}$ berechnet, wobei φ den ganzen Umschlingungsbogen bedeutet) rd. dreimal größer sich ergab, als der übliche Wert 0,3 für Lederriemen und Eisenscheiben, den man nach früheren Versuchen, bei denen die Eisenscheibe unter dem festgehaltenen Riemen hinwegglitt, etwa erwartet hat. Hiernach ist nach Ansicht des Herrn Löffler (S. 101 und 102 des Buches) „ohne weiteres" darauf zu schließen, daß die Kraftübertragung mittels kleiner Oberflächenzähne erfolgt, ohne daß beim normalen Trieb die Oberflächenzähne so weit abgebogen werden, daß Gleiten eintritt.

Die Kräfte, welche die Oberflächenzähne ausüben, ehe sie bis zum Gleiten abgebogen werden, nennt Herr Löffler Zahnkräfte und er sagt auf S. 59 der Streitschrift, daß diese Zahnkräfte *„zwischen Null und der Anlaufreibung W_0 schwanken können".* Es ist daher die Reibung der Ruhe nach seiner Anschauung bei Leder auf Eisen mindestens dreimal größer als die Reibung der Bewegung. Dies widerspricht aber den Versuchen von Kammerer über die Reibung der Ruhe bei Lederriemen, der hierüber in den Forschungsarbeiten 56—57, 1908, S. 51, berichtet:

„Es ergab sich, daß die Reibungswerte der Ruhe und der Bewegung sehr dicht nebeneinander lagen. Diese Tatsache gab sich bei den Versuchen schon äußerlich dadurch zu erkennen, daß das Gleiten nicht mit einem Ruck, sondern allmählich begann und stetig anhielt, solange die Belastung dieselbe blieb."

Diese Feststellung des Herrn Kammerer hindert Herrn Löffler also nicht, die Reibung der Ruhe bei Leder dreimal größer anzunehmen als diejenige der Bewegung und noch zu behaupten (S. 21 der Streitschrift), *„seine Ausführungen seien durch die Versuche von Kammerer bestätigt".*

Ich hatte in meinem Gutachten gegenüber der apodiktischen Sicherheit, mit der Herr Löffler einen Reibungskoeffizienten $3 \times 0,3 = 0,9$ unmöglich annehmen kann und darum „ohne weiteres" auf die Kraftübertragung mittels mikroskopischer kleiner Oberflächenzähne schließen muß, auf die inzwischen bekannt gewordenen Untersuchungen von Friederich (Z. d. V. d. I. 1915, S. 537, 580 und 608) hingewiesen, der „bei einwandfreien Versuchen für die Reibung zwischen Riemen und Scheibe Reibungskoeffizienten bis zu 1,64 gefunden habe". Was hat nun Herr Löffler demgegenüber zu sagen? Gibt er zu, daß er recht unvorsichtig war, wenn er sagte, man könne einen Reibungskoeffizienten 3 mal 0,3 unmöglich annehmen? Nein, er schreibt neben anderen ebenso unzutreffenden Behauptungen den Satz (Streitschrift S. 21):

„Die Haftung des Riemens wurde bei den Friederichschen Versuchen durch Einfetten des Riemens noch wesentlich erhöht. Es entstand dadurch eine Art von Adhäsionswirkung, ähnlich der in meinem Buche hervorgehobenen, so daß eine besonders innige Haftung des Riemens an der Scheibe, aber kein Gleiten im Sinne einer Bandbremswirkung hervorgerufen wurde.

Die Versuche von Friederich bestätigen somit meine Ausführungen."

Diesem Satz gegenüber stelle ich fest, daß Friederich als Zweck der diesbezüglichen Versuche a. a. O. S. 537 angibt:

„zu ermitteln, ob und in welchem Umfange die Größe der zwischen Riemen und Scheibe wirksamen Kraft mit der Gleitgeschwindigkeit wächst",

ferner, daß Herr Friederich seine Versuchseinrichtungen folgendermaßen beschreibt:

„Auf der mit v cm/sk. Umfangsgeschwindigkeit sich drehenden Scheibe liegt mit halber Umschlingung der Versuchsriemen, am frei herabhängenden „ablaufenden" Ende durch Gewicht S_2 belastet, das auflaufende Ende in Verbindung mit einem Zugkraftmesser, der die Spannkraft des Riemenendes S_1 . . . mißt";

und daß bei den Friederichschen Reibungsversuchen diese Riemenscheibe mit Geschwindigkeiten, die innerhalb der Grenzen 1 cm/sk. und 50 cm/sk. lagen, unter dem an dem ruhenden Zugkraftmesser befestigten Riemen hinweglief.

Bei dieser Sachlage behauptet Herr Löffler zu seiner Verteidigung, daß bei den Friederichschen Versuchen kein Gleiten im Sinne einer Bremsbandwirkung zwischen Riemen und Scheibe hervorgerufen worden sei! Seine Behauptung ist also ganz **offensichtlich gerade das Gegenteil dessen, was den Tatsachen entspricht.**

13.

Ein weiteres Beispiel, um die Löfflerschen Behauptungen den Tatsachen gegenüberzustellen!

Schon oben hatte ich aus der Streitschrift, S. 41, den Satz ausgezogen:

„*Die durch die Riemenspannungen hervorgerufenen Längen- und Formänderungen erzeugen nur, wie dies auch Kammerer in seinen Veröffentlichungen hervorgehoben hat, einen ‚scheinbaren Riemenschlupf', besser Formänderungsschlupf genannt (vgl. S. 59). Dieser erhöht wohl die Formänderungsverluste, hat aber gar nichts zu tun mit einem tangentialen Gleiten der Scheibe gegenüber dem Riemen im Sinne der Reibungstheorie (Bandbremse).*"

Wie steht es nun mit einer Stützung seiner Ansicht durch die Veröffentlichungen des Herrn Kammerer? Dieser hat wohl in seinen Veröffentlichungen die Größe

$$\psi = \frac{S_1 - S_2}{f} \alpha,$$

die Bach (siehe oben S. 33) den „Geschwindigkeitsverlust infolge des Gleitens des Riemens auf der Scheibe" genannt hat, mit dem Ausdruck „scheinbarer Schlupf" bezeichnet, ohne dabei, soviel ich ersehe, zu sagen, warum er die Bezeichnung „scheinbar" gewählt hat. Er hat vielmehr bei Erwähnung dieser Größe (Zeitschrift d. V. d. I. 1907, S. 1091) selbst auf die Formel von Bach und an anderer Stelle*) auf Grashof (Theorie der Getriebe 1883, S. 311) als den Urheber dieser Formel verwiesen.

An der von Kammerer angezogenen Stelle entwickelt aber Grashof ausführlich seine Anschauungen vom Gleiten des Riemens auf der Scheibe, vom Gleit- und Ruhebogen, so daß es Kammerer sicher ausgesprochen haben müßte, wenn er über die Entstehung des Schlupfes ψ trotz der gleichen Formel anderer Meinung wäre als Grashof und Bach. Ferner schreibt er in der Z. 1907, S. 1093:

„*Der scheinbare Schlupf ist bei Seiltrieben verschwindend klein; man muß daher annehmen, daß der Dehnungswechsel sich nicht wie bei Riementrieben auf der Scheibe vollzieht.*"

---

*) Forsch.-Arb. 1908, Heft 56—57, S. 90.

Aus dieser Bemerkung geht auch wohl unzweideutig hervor, daß er den „scheinbaren Schlupf" beim Riementrieb dem Dehnungswechsel auf der Scheibe selbst zuschreibt.

In Z. 1909, S. 661, sagt Kammerer:

„*Das ziehende Trum läuft etwas langsamer als die treibende Scheibe und die getriebene Scheibe läuft langsamer als das gezogene Trum.*"

In den Forschungsarbeiten Heft 56—57, 1908 sagt Kammerer auf S. 87:

„*Die hohen Grenzwerte von μ, die weit über dem unmittelbar gemessenen Werte von $\mu =$ etwa 0,35 liegen, lassen mit Sicherheit darauf schließen, daß der Riemen nicht nur durch seine Eigenspannung an die Scheibe angepreßt wird, sondern daß gleichzeitig infolge des Dehnungswechsels, also infolge des Längens und Einkriechens auf der Scheibe ein so dichtes Anschmiegen entsteht, daß Adhäsionserscheinungen eintreten.*"

Kammerer kann hier mit „Adhäsionserscheinungen" nicht solche im Sinne des Herrn Löffler gemeint haben, daß der Riemen gegenüber der Scheibe nicht gleitet, denn dann wäre ja der angezogene Satz, in dem deutlich von dem Längen und Einkriechen des Riemens auf der Scheibe gesprochen wird, ein Widerspruch in sich selbst. Daß Herr Kammerer unter „Adhäsionserscheinungen" entsprechend dem hier üblichen Sprachgebrauch der Physik das stärkere Aufpressen des Riemens auf die Scheibe infolge eines teilweisen Vakuums zwischen Riemen und Scheibe gemeint hat, geht deutlich daraus hervor, daß er unmittelbar, nachdem er diesen Satz ausgesprochen hat, berechnet, um wieviel die Reibungskraft durch das Vorhandensein eines solchen Vakuums erhöht wird und daß er dabei den Reibungskoeffizienten unverändert niedrig läßt.

Schließlich sagt Kammerer in den Forschungsarbeiten Heft 132, 1913 (Versuche mit Riemen besonderer Art), S. 67:

„*Der Riemen kann das bei jedem Umlauf eintretende Ausrecken auf der getriebenen Scheibe nicht so gut ausführen, wenn diese Scheibe mit Gleitschutzmasse überzogen ist; er leidet daher auf dem Überzug sichtlich mehr, als auf der glatten Eisenfläche.*"

Nach diesen Tatsachen beurteile man die obige Berufung des Herrn Löffler auf Herrn Kammerer, den Formänderungsschlupf des Herrn L. aber an Hand meiner obigen Betrachtungen über die Größenordnung der Formänderungen, wie sie ohne Gleiten des Riemens auf der Scheibe möglich sind!

Mit diesem von ihm so ganz unbestimmt gelassenen „Formänderungsschlupf" führt Herr Löffler aber in der Streitschrift S. 97 gegenüber seinem Buche einen neuen Begriff ein, und stellt sich außerdem unmittelbar in Widerspruch zu seinem Buche. Denn in diesem Buche hatte er schon — und zwar im Widerspruch mit seiner dort gegebenen Theorie des schlupflosen Riemens von einem „Schlupfverlust" gesprochen und an dieser Stelle ausdrücklich betont, daß der Schlupfverlust „nicht als reiner Formänderungsverlust anzusehen" sei. Er hat sich dabei über dessen Ursache so geäußert (S. 97 unten): *„Der Umstand, daß die auf der treibenden Scheibe hervorgerufene Strekkung des Riemens auf der getriebenen Scheibe durch Stauchen nur zum Teil rückgängig gemacht wird, hat einen Geschwindigkeitsverlust an der getriebenen Scheibe zur Folge, der von K a m m e r e r als scheinbarer Schlupf bezeichnet wird."* Derselbe Herr Löffler, der also in seinem Buch unter Hinweis auf Kammerers scheinbaren Schlupf ausdrücklich betont, daß der Schlupfverlust „kein reiner Formänderungsverlust" sei, gibt nachher in seiner Streitschrift Herrn Kammerer als Zeugen dafür an, daß dessen scheinbarer Schlupf nicht als Gleitschlupf, sondern „nur als Formänderungsschlupf" anzusehen sei!

14.

Herr Löffler stellt weiter im Hinblick auf die Grashofsche Lehre vom Gleit- und Ruhebogen die Behauptung auf (S. 40 der Streitschrift):

„Es wird auch keinen wissenschaftlich und praktisch denkenden Ingenieur geben, der die von Herrn M e y e r vertretene G r a s h o f sche Theorie als maßgebend für die Kräftezusammenhänge bei Riementrieben ansehen wird."

Es lohnt sich zu untersuchen, wie sich gegenüber dieser Behauptung die Tatsachen stellen.

In der Z. d. V. d. I. 1909, S. 1642 hat Alexander Fieber Versuche an einem Riemen aus reinem Paragummi veröffentlicht, bei denen er sowohl die Geschwindigkeit der Scheiben, als auch die Geschwindigkeit des Riemens an verschiedenen Stellen der Scheibe gemessen hat und aus denen er an der angezogenen Stelle u. a. den folgenden Schluß zieht:

„*Der Riemen durchläuft zuerst den Grashofschen Ruhewinkel β und dann den Gleitwinkel α, innerhalb dessen sich der Spannungswechsel vollzieht. Dabei entsteht gleitende Reibung.*"

Im Anschluß an diesen Bericht veröffentlicht Herr Kammerer einen entsprechenden Versuch an einem Lederriemen, da es ihm, wie er selbst sagt, erwünscht erschien, den Versuch Fiebers mit einem normalen Lederriemen und mit normalen Geschwindigkeiten zu wiederholen. Die Riemengeschwindigkeit betrug dabei 20 m/sek.

Als Ergebnis der Versuche gibt Kammerer an:

„*Daß zwischen dem ziehenden und gezogenen Trum ein Geschwindigkeitsunterschied von nur 1,1/100 auftritt*"; — bei dem von Fieber untersuchten Riemen aus Paragummi, der sehr viel dehnbarer als Leder ist, war naturgemäß der Geschwindigkeitsunterschied wesentlich größer — „*im übrigen*", fährt Kammerer fort, „*stimmen die Ergebnisse grundsätzlich mit denen von Herrn Fieber überein.*"

So Herr Kammerer!

In der Tat ergibt sich aus den in seiner Abb. 2 a. a. O. niedergelegten Versuchsergebnissen deutlich auf der treibenden Scheibe ein Ruhebogen.

Im Jahre 1918, d. h. ein Jahr vor Erscheinen der Löfflerschen Streitschrift, hat Dr.-Ing. W. Stiel, Oberingenieur in Siemensstadt, ein Buch: „Die Theorie des Riementriebes" veröffentlicht (Berlin 1918), das, wenn auch manche Annahmen in ihm durch Versuche noch nicht vollständig belegt werden konnten, unzweifelhaft zu dem Besten gehört, was auf diesem Gebiete und in der Maschinentheorie überhaupt geschrieben worden ist, und die Fortschritte, die in der Erkenntnis des Verhaltens der Riementriebe im letzten Jahrzehnt gemacht wurden, in vorzüglicher Weise zusammenfaßt und weiter ausbaut.

Auch Stiel steht bei seinen Anschauungen und Berechnungen ganz auf dem Boden des Grashofschen Gleit- und Ruhebogens und weist nur nach, daß an Stelle des „Ruhebogens" ein „Bogen relativer Ruhe" (d. h. ein Bogen, auf dem der Riemen eine äußerst kleine Gleitgeschwindigkeit besitzt, die dann erst im Gleitbogen sehr stark ansteigt) anzunehmen wäre für den Fall, daß sich der Reibungskoeffizient der Ruhe des Leders gleich Null erweisen sollte.

Den hier angeführten Tatsachen widerspricht also die oben angeführte Behauptung des Herrn Löffler über das Ansehen der Grashofschen Theorie ganz unmittelbar.

15.

Herr Löffler sagt weiter auf S. 42 der Streitschrift:

„Die einzige Annahme, die ich bei meinen Ableitungen gemacht habe, die aber nach allen Erfahrungen richtig ist, bezieht sich auf die Betriebszahl ζ, die für einen bestimmten Betriebszustand des Riementriebes das Verhältnis der Zahnkraft d Z zum Auflagedruck d K angibt und an jeder Stelle der Auflagefläche über den ganzen Umschlingungsbogen gleich groß ist. Diese Annahme ergibt ein stetiges Anwachsen der Spannungen von t auf T nach einer Exponentialfunktion, welcher Spannungsverlauf allen bisher ausgeführten Versuchen und Rechnungen entspricht."

Auch diese Behauptung widerspricht unmittelbar den Tatsachen. Rechnungen über die Abhängigkeit des Spannungsverlaufs vom Umschlingungsbogen, die für den Betriebszustand und nicht für den Grenzzustand gelten, sind von Grashof angestellt und dann wie oben gesagt von Brauer im Jahre 1908 und von anderen wiederholt worden. Ferner sind solche Rechnungen von Stiel in dem angeführten Buch ausgeführt. Sie alle stimmen darin überein, daß nicht auf dem ganzen umschlungenen Bogen die Spannung nach dem Exponentialgesetz zunimmt, sondern daß auf dem Ruhebogen oder relativen Ruhebogen die Spannung unverändert oder nahezu unverändert bleibt und erst auf dem Gleitbogen nach einem Gesetz zunimmt, das in erster Annäherung durch ein Exponentialgesetz wiedergegeben werden kann. Was schließlich „alle bisher ausgeführten Versuche" betrifft, so stimmen die Versuche von Fieber und Kammerer, die den Ruhebogen oder mindestens einen relativen Ruhebogen nachweisen, grundsätzlich mit den Rechnungen von Grashof, Brauer und Stiel überein.

Mit der Tatsache, daß Fieber bei Versuchen an einem Paragummiriemen im Jahre 1909 den Grashofschen Ruhebogen unmittelbar gefunden, daß Herr Kammerer an einem normalen Lederriemen die grundsätzlichen Ergebnisse des Fieberschen Versuches bestätigt gefunden hat, daß Stiel in seiner Riementheorie die Grashofsche Theorie vom Gleit- und Ruhebogen weiter ausbaut, indem er dabei die Veränderlichkeit des Reibungskoeffizienten mit der Gleitgeschwindigkeit berücksichtigt, vergleiche man auch noch die Auslassungen des Herrn Löffler auf S. 9—10 der Streitschrift, daß von mir

„mangels eigener Anschauung und praktischer Erfahrung alte Theorien ausgegraben seien, wie die längst vergessene, auf unzureichende und unrichtig gedeutete Rollversuche des Physikers Reynolds beruhende Riementheorie von Grashof, die allen praktischen Erfahrungen widerspricht."

Herr Löffler hat offenbar die Grashofsche Theorie gar nicht gelesen, denn sonst wüßte er, daß sie von Grashof mit den Rollversuchen von Reynolds nicht irgendwie in Zusammenhang gebracht worden ist. Außerdem ist aber darauf hinzuweisen, daß die Anschauung von Grashof, nach der für die Kraftverteilung auf der Scheibe das Gleiten des Riemens infolge seiner elastischen Dehnung bei der Spannungsänderung maßgebend ist, sich in der modernen Riementheorie als überaus fruchtbar erwiesen hat.

Fieber hat a. a. O. darauf hingewiesen, daß der Reibungskoeffizient zwischen Riemen und Scheibe mit dieser Gleitgeschwindigkeit veränderlich ist.

Die Versuche von Friederich haben diese schon im vorigen Jahrhundert von amerikanischen Forschern entdeckte Tatsache in hohem Maße bestätigt und diese Erkenntnis hat viele Ergebnisse der Riemenversuche, die noch vor kurzem dunkel und geheimnisvoll waren, in ein helles Licht gesetzt.

Schon vor der ausführlichen Veröffentlichung der Friederichschen Versuche hat Bach in seiner neuesten 11. Auflage der Maschinenelemente, 1913, einige Ergebnisse dieser Versuche veröffentlicht und dabei auch auf diese neue Richtung der Riementheorie hingewiesen, wenn er sagt:

„Dazu kommt, daß der Riemen infolge seiner natürlichen Elastizität gegenüber der Scheibenoberfläche gleiten muß, daß also diejenige Reibung maßgebend wird, welche bei der Geschwindigkeit des Gleitens tatsächlich auftritt."

Nach allem muß es ganz unverständlich sein, daß Herr Löffler im Jahre 1919 ein Gleiten des Riemens auf der Scheibe bestreitet, daß er die Grashofschen Anschauungen hierüber als veraltet und längst vergessen hinstellt. Er leugnet damit alle die praktischen Erfahrungen und alle die vielen Fortschritte, die die Riementheorie in der letzten Zeit gemacht hat.

Nachdem ich so an einigen wenigen Beispielen den Behauptungen des Herrn Löffler die Tatsachen der Wirklichkeit, die Versuchsergebnisse und die Anschauungen der auf dem Gebiete der Riementheorie tätigen Männer gegenübergestellt habe, kann ich es dem Urteil des Lesers überlassen, inwieweit der Schlußsatz der Ausführungen des Herrn Löffler (S. 42 der Streitschrift) über die Grundlagen seiner Riementheorie:

„Nirgends ist eine willkürliche Annahme benutzt, sondern nur auf Erfahrungen beruhende, den wirklichen Betriebszuständen entsprechende Voraussetzungen"

der Wahrheit entspricht.

16.

Gegenüber den Löfflerschen Ausführungen über seine „Berechnung" des Bremsbandes mit endlicher Dicke (Streitschrift S. 32) genüge es darauf hinzuweisen, daß es sich hier, wovon Herr L. offenbar keine Ahnung hat, um eine statisch unbestimmte Aufgabe handelt, bei der die Größe des Biegungsmomentes erst durch die Größe der ebenfalls unbekannten Schubkräfte bestimmt ist, während bei den in der Literatur veröffentlichten einfachen Biegungsgleichungen, die ohne Beachtung der Schubspannungen abgeleitet sind, die Biegungsmomente aus den gegebenen Lasten unmittelbar berechnet werden können. Kurz möge zu S. 45 der Streitschrift erwähnt werden, daß der Ausdruck Formänderungsmoment $= \dfrac{f_t}{dK_t} dK^2$ in der Tat eine quadratische Abhängigkeit von der Auflagekraft darstellt, da f_t und dK_t für einen gegebenen Betriebszustand unveränderliche, an der Auf- oder Ablaufstelle des Riemens herrschende Werte sind, während dK die auf dem Umfang der

Riemenscheibe veränderliche Auflagekraft darstellt. Herr Löffler verwechselt hier die quadratische Abhängigkeit von der Auflagekraft mit der Dimension des Ausdruckes; bei letzterer hebt sich allerdings dK im Zähler gegen dK_t im Nenner.

Der Leser, der weitere Zeit opfern will, wird finden, daß an mehreren Stellen der Sinn meiner Äußerungen durch Herrn Löffler völlig verkehrt wird; so wenn er auf S. 26 der Streitschrift behauptet, ich verteidige die üblichen „konstanten" Reibungskoeffizienten oder auf S. 31, ich empfehle, „mit den üblichen Zahlen zu rechnen" oder gar, wenn er auf S. 38 behauptet, ich hätte irrtümlicherweise angenommen, daß die Betriebszahl ζ (siehe oben S. 35) eine für alle Betriebszustände des Riemens gleichbleibende Größe ist, während gerade ich in meinem Gutachten ihn darauf hinweisen mußte, daß diese Größe mit der Betriebsbelastung stark veränderlich ist!

Niemand wird mir nach den hier gegebenen Proben zumuten, daß ich auch die vielen anderen Punkte, in denen Herr Löffler mein Gutachten „widerlegt" hat, hier erörtere. Gegenüber diesen „Widerlegungen", die von derselben Art sind wie die hier besprochenen, kann ich alle Einwände, die ich in meinem Gutachten gegen sein Buch ausgesprochen habe, uneingeschränkt aufrecht erhalten.

Wie ich hoffe, erkennt der aufmerksame Leser, der meine Ausführungen mit dem Buche und der Streitschrift des Herrn Löffler eingehend vergleicht, daß ich vollauf berechtigt war zu den Schlußausführungen meines Gutachtens, die ich deshalb hier wiederhole (S. 56 der Streitschrift):

„Das Buch des Verfassers macht bei flüchtigem Durchblättern einen bestechenden Eindruck, da es gewandt geschrieben ist, recht anschauliche Zeichnungen bringt, und da die Rechnungen in übersichtlicher Weise durchgeführt sind. Die zahlreichen Fragen, die aufgegriffen werden, und die Sicherheit, mit der ihre Klärung und Lösung im Vorwort versprochen und nachher zum Scheine durchgeführt wird, machen ebenfalls auf den Leser einen gewinnenden Eindruck, so daß es wohl erklärlich ist, daß in üblicher Weise abgefaßte Besprechungen in Zeitschriften günstig lauten. Erst bei genauerem Durchsehen kommt man aber immer mehr auf die erstaunlich große Menge von Fehlern, Flüchtigkeiten und widersinnigen Ergebnissen, die sich der Verfasser hat zuschulden kommen lassen und die ich im vorstehenden nachgewiesen habe. Sie sind im wesentlichen durch die unglaubliche Oberflächlichkeit und Leichtfertigkeit bedingt, mit der der Verfasser Behauptungen und mechanische Ansätze für die Bedürfnisse des Augenblicks aufstellt und wieder abändert, ohne sich ihre Folgen klarzumachen. Insbesondere aber die Leichtfertigkeit in der Behandlung technisch-wissenschaftlicher Fragen, die in den Abschnitten über Riemen- und Seiltriebe zum Ausdruck kommt, und der Mangel an Selbstkritik, der sich in der Veröffentlichung der darin enthaltenen widersinnigen Ergebnisse kundtut, müssen dem Verfasser, zumal im Hinblick auf den Anspruch des Vorworts, daß es ihm gelungen sei, die Kraftverhältnisse und Wirkungsgrade der Riementriebe zu bestimmen, zum schwersten Vorwurf gereichen."

17.

In vorstehendem glaube ich an einigen kennzeichnenden Beispielen in rein sachlicher Weise begründet zu haben, durch welche Anschauungen und Überlegungen, auf Grund welcher Versuche und Erfahrungstatsachen ich zu meinem absprechenden Urteil über das Buch gekommen bin. Ich führe nun gern auch noch an, wie Herr Löffler sich meine Stellungnahme zu seinem Buche erklärt. Er schreibt auf S. 8—10 der Streitschrift, also vor jeder sachlichen Erörterung der Ausstellungen, die ich gemacht habe:

„Solchen einseitigen Ingenieur-Theoretikern fehlt die notwendige praktische Erfahrung, ohne die eine richtige Beurteilung technisch-wissenschaftlicher Arbeiten und Versuche unmöglich ist. Sie sind gewohnt, alles streng exakt zu rechnen. Dabei bedienen sie sich zumeist rein statischer Methoden, die Kraftwirkungen an starren Körpern voraussetzen, ohne Beachtung der Formänderungen und der Verluste. Wenn dann die wirklichen Verhältnisse ihren Rechnungen nicht entsprechen, dann wird die Schuld nicht etwa den falschen Rechnungsgrundlagen oder den unrichtig bestimmten Koeffizienten beigelegt, sondern der Fehler wird ganz wo anders gesucht, meistens in ungenauer Messung, oder es werden die Tatsachen der Wirklichkeit selbst angezweifelt.

Daß die Voraussetzungen, unter denen ihre Rechnungsformeln allein gültig sind, für den in Betracht kommenden Betriebszustand nicht zutreffen, kommt ihnen nicht in den Sinn.

Die Arbeiten anderer beurteilen solche Ingenieur-Theoretiker nur nach den ihnen bekannten und geläufigen Rechnungen und Formeln, und zeigen diese Arbeiten, daß überlieferte Anschauungen nicht richtig sind, daß die alten Rechnungen nicht mehr stimmen, dann verteidigen sie ihren alten Besitz mit allen Kräften, denn sonst müßten sie ja zugeben, daß sie selbst nicht fähig waren, das Unrichtige zu erkennen und neue Erkenntnis zu schaffen.

Mein Buch hat nach seinem Erscheinen bei erfahrenen Fachleuten Anerkennung gefunden. Nunmehr aber, nachdem das Buch über sechs Jahre in der Öffentlichkeit bekannt ist, greifen Theoretiker unter Führung des Herrn Professors M e y e r die neuen Erkenntnisse heftig an, sie bekritteln die Rechnungen und Formeln des Buchs, weil sie angeblich den Ergebnissen der Forschung (siehe die Versuche des Fräuleins J a k o b) und Grundsätzen der Mechanik nicht entsprechen.

Sie deuten in die Bilder meines Buches falsche Zusammenhänge hinein und verkennen die Einflüsse praktischer Betriebsbedingungen, was allerdings nicht verwunderlich ist, weil sie nicht nur auf diesem Sondergebiet der Reibungstriebe, sondern zumeist gar keine praktischen Erfahrungen besitzen. Ihre Arbeiten und Rechnungen sind nie durch schwere Verantwortung belastet worden, wie sie der gestaltende Ingenieur im praktischen Leben ständig zu tragen hat. Sie haben daher auch die Folgen falscher oder einseitiger theoretischer Überlegung nie am eigenen Leibe gespürt.

Mangels eigener Anschauung und praktischer Erfahrung werden alte Theorien von ihnen ausgegraben, wie die längst vergessene, auf unzureichende und unrichtig gedeutete Rollversuche des englischen Physikers R e y n o l d s beruhende Riementheorie von G r a s h o f , die allen praktischen Erfahrungen widerspricht; sie zweifeln die rechnerischen Untersuchungen meines Buches an, ohne aber die gewonnenen neuen Erkenntnisse im geringsten widerlegen zu können."

Solchen Äußerungen etwas hinzuzufügen erübrigt sich.

18.

Man kann sich billig fragen, wieso Herr Löffler alle Widersprüche, in denen viele seiner Annahmen und Theorien mit sich selbst, mit den Grundlagen der Mechanik, mit den Erfahrungen der Praxis, mit den wissenschaftlichen Versuchen und den daraus gebildeten Anschauungen der Fachgenossen stehen, nicht sieht und die Kritik an diesen Anschauungen lediglich einer einseitigen, von persönlichen Beweggründen geleiteten, den Erscheinungen der Wirklichkeit nicht vertrauten Schulmeinung zuschreibt.

Wenn ich trotz der Art der Abwehr, wie sie nach den hier gegebenen Proben in der Streitschrift geübt ist, den guten Glauben des Herrn Löffler voraussetzen will, kann ich mir sein Verhalten nur in der folgenden Weise erklären:

Es gibt gewisse Erfinder, deren Erfindungen mit den Tatsachen der Mechanik und mit aller Wirklichkeit so im Widerspruch stehen, daß jeder Fachmann sofort ihre Unbrauchbarkeit einsieht, die sich aber darüber nicht belehren lassen. Sie bleiben bei ihren falschen Anschauungen, sehen die Kritik eines Fachmannes lediglich als ein Festhalten an überlieferten Anschauungen, als Ausfluß von Wissensdünkel an. Auch dadurch, daß jeder neu hinzugerufene Fachmann das Urteil des vorhergehenden bestätigt, lassen sie sich keineswegs belehren. Jetzt meinen sie, die Fachgenossen seien voneinander beeinflußt, eine herrschende Zunft verfolge den Erfinder und lasse die Wahrheit nicht aufkommen. So fühlen sie sich denn durch jede sachliche Kritik persönlich gekränkt.

Auch Herrn Löffler kann man in diesem Sinne mit solchen Erfindern vergleichen. Er hat die Auslaufreibung erfunden, er hat die Gegenkraft erfunden, die gegen die Kraft um einen endlichen Hebelarm versetzt ist und das Gegenmoment, das im gleichen Drehsinn wirkt, wie das Moment. Er hat entgegen den Ergebnissen von einschlägigen Versuchen, z. B. den Kammererschen, die Oberflächenzähne in den Berührungsflächen zwischen Riemen und Scheibe erfunden, die vor ihrem Abbiegen eine dreimal größere Tangentialkraft aufeinander ausüben können, als nach dem Abbiegen beim Übereinandergleiten von Riemen und

Scheibe. Er hat in seiner Riementheorie den Riemen erfunden, der im Betriebe keinen Gleitschlupf auf der Scheibe erfährt, trotzdem die Praxis schon an dem zunehmenden Glätterwerden von Scheibe und Riemen im Betriebe dieses Gleiten stets vor Augen hat und er hat in seinem Buche noch viel andere ebenso haltlose — um im Gleichnis zu bleiben — „Erfindungen" gemacht, auf die hier auch noch einzugehen sich aber gewiß nicht verlohnt. Genau wie die oben gekennzeichneten unglücklichen Erfinder läßt er sich aber nicht belehren — auf seinen Verstoß gegen das Wechselwirkungsgesetz habe ich ihn schon gleich nach dem Erscheinen seines Buches in längerer Unterredung in freundschaftlicher Weise aufmerksam gemacht. — Er sieht die Gutachter als unter meiner Führung (vgl. Streitschrift, S. 9) stehend an, hält sie in Schulmeinung befangen und spricht ihnen jedes Verständnis für die Erscheinungen der Wirklichkeit und jede praktische Erfahrung ab.

19.

Und Herr Riedler, um nach Beendigung der wissenschaftlichen Auseinandersetzungen nochmals auf ihn zu kommen, sieht durch die gleiche Brille wie der „Erfinder". Er spricht in blindem Eifer für seinen Mitarbeiter kritiklos alles nach, was Herr Löffler behauptet hatte; er fühlt sich von der hohen Warte, auf die ihn die Theorien des Herrn Löffler hinaufgehoben haben, noch mehr erhaben über Männer wie Grashof, Reynolds und über die vielen anerkannten Anschauungen und Erfahrungen der Getriebelehre, als Herr Löffler selbst. Ja, er sieht die gegen die wirklichkeitswidrigen Theorien des Herrn Löffler gerichteten Angriffe der Gutachten, die, wie man sich überzeugen kann, sorgfältig und in jedem einzelnen Falle durch sachliche Gründe belegt sind, wie er selbst bekennt (vgl. oben S. 7) nur als Angriffe gegen seine eigene Person an.

Fürwahr, wenn Herr Riedler von einem Zerfall der Technischen Hochschule, und insbesondere seiner eigenen Abteilung, spricht, so zeigt sich leider ein solcher Zerfall in dem Geiste, der aus dem Riedlerschen Buche „Die Wirklichkeitsblinden" und aus den besprochenen Löfflerschen „wissenschaftlichen" Arbeiten und insbesondere aus dessen Streitschrift spricht.

Wenn wissenschaftliche Dinge so behandelt werden, wie dies die beiden Herren zu tun belieben, wenn dabei mit der Wahrheit über wissenschaftliche Tatsachen so umgegangen wird, wie ich dies für Herrn Riedler und für Herrn Löffler zeigen mußte,

wenn der Drang der Studierenden nach Erkenntnis der Wahrheit und der Wirklichkeit durch so wirklichkeitswidrige, in ihren Ergebnissen so völlig versagende Annahmen und Theorien, wie sie Herr Löffler aufstellt und Herr Riedler ihm nachgesprochen hat, befriedigt wird,

wenn wir Gutachter, die im amtlichen Auftrag das Löfflersche Buch zu besprechen hatten und dabei nur eine selbstverständliche Kritik an dem Buche ausgeübt haben, der sich jeder neu hinzugekommene Fachmann angeschlossen hat, in solcher Weise vor die Öffentlichkeit gezerrt werden,

wenn auf das Niveau, auf dem die Riedlerschen und Löfflerschen wissenschaftlichen Ausführungen stehen, auch die Kollegen und Mitarbeiter des Herrn Riedler herabsinken sollten, dann ist allerdings die Hochschule nicht bloß dem Zerfall, sondern auch dem Verfall nahe!

Der sachverständige Leser, der sich durch ein eingehendes Studium nicht bloß meiner hier gemachten Ausführungen, sondern auch der Ausführungen der Gegenseite und insbesondere des Buches von Herrn Löffler ein eigenes Urteil gebildet hat, wird mit mir der Meinung sein, daß ich meine Amtspflicht gröblich verletzt hätte, wenn ich mit Rücksicht auf die schweren Anfeindungen, die mir in sicherer Aussicht standen, es nicht gewagt hätte, meine Meinung über das Buch auf Verlangen der Abteilung und im Hinblick auf das Ersuchen des Herrn Ministers rückhaltlos auszusprechen.

Der wissenschaftlich gebildete und praktisch erfahrene Ingenieur wird es weiter beurteilen können, wer in diesem Falle die „Wirklichkeitsblinden" sind, ich oder die Herren Löffler und Riedler mit ihren oben von mir gekennzeichneten Anschauungen über die Getriebelehre, und ob ich eine Schmähschrift geschrieben habe, wie dies Herr Riedler auf S. 106 der „Wirklichkeitsblinden" behauptet.

Herr Riedler schreibt die Schuld für die vielen Mißerfolge seines Lebens den „Theoretikern" zu. Wie ich glaube, sind aber die von ihm angefeindeten Theoretiker (vgl. z. B die Gutachter in dem oben S. 7 bis 12 besprochenen Streit über die Wirkungsgrade der Gasmaschinen) vielfach Männer, die selbst vor einseitigen Theorien warnen und welche die Erfahrung in Wissenschaft und Praxis über die Theorie stellen oder vielmehr damit die Theorie zu durchdringen suchen, die aber hinreichend wissenschaftliche Bildung und Reife des Urteils besitzen, um sich durch die auf Fernerstehende mit so großer suggestiver Macht wirkende Redekunst des Herrn Riedler nicht blenden zu lassen und die aufrecht genug sind, trotz der gefährlichen, einer sachlichen Behandlung oft ganz entgegengesetzten Angriffstaktik und der Macht des Herrn Riedlers ihren von ihm abweichenden und gegebenenfalls seinen Interessen zuwiderlaufenden Standpunkt öffentlich zu bekunden.

Nicht das Interesse meiner Person, sondern das Interesse der wissenschaftlichen Wahrheit hat mich zu meiner Erwiderung veranlaßt, um dasjenige „System Riedler" zu kennzeichnen, das sich für den aufmerksamen wissenschaftlich gebildeten Leser in den „Wirklichkeitsblinden" zeigt und das durch sein Eintreten für ein Buch wie das Löfflersche auf das grellste beleuchtet wird, denn dieses System besitzt für unsere Hochschule und unsere Abteilung die verhängnisvollsten Folgen.

Mit vielen Ausführungen der Riedlerschen Schrift, die sich auf Ingenieurerziehung, Reformbedürftigkeit der Hochschulen und Reformen beziehen, insoweit sie nicht durch Übertreibungen oder durch, dem Eingeweihten erkenntliche persönliche Spitzen entstellt sind, kann ich mich einverstanden erklären. Die diesbezüglichen Sätze, die Herr Riedler mit großer Wortkunst in wirkungsvoller Weise auszusprechen versteht, erwecken bei Fernerstehenden den lauten und zustimmenden Widerhall, den seine Äußerungen zu finden pflegen. Aber auch die Fernerstehenden können beim aufmerksamen Durchlesen des Riedlerschen Buches sehen, was wir, die wir ihn jahrelang kennen, zu unserem Leidwesen erfahren mußten, daß der Herr Riedler der Tat ein so ganz anderer ist, als der Herr Riedler dieser trefflichen Worte! Wie eindringlich predigt er in seiner Streitschrift, daß sich der Ingenieur vor einseitiger Theorie, vor einer Überschätzung scheinbar exakter Rechnungen hüten müsse, daß er sich auf den Boden der Erfahrung, der Wirklichkeit stellen müsse, und wie völlig verleugnet er diese von ihm ausgesprochenen

Grundsätze, wenn er nun sich auf fast hundert Seiten seines Buches und in vielfachen Wiederholungen für die Theorien des Herrn Löffler mit der von ihm beliebten Taktik einsetzt und sie sich zu eigen macht. Und daß er, trotzdem er so seine eigenen Ideale, die auch wir verehren, nicht achtet, die Verletzung dieser Ideale ohne jeden Nachweis der Berechtigung immer gerade denen vorwirft, die er für seine persönlichen Widersacher hält, läßt sich aus den „Wirklichkeitsblinden" auch unschwer ersehen.

So möchte ich zum Schlusse an alle Leser, denen das Wohl unserer Hochschule und die Pflege einer der Wirklichkeit zugewandten, für die Praxis fruchtbaren und durch ihre Wahrhaftigkeit auch den Charakter und die allgemeine Bildung der Studierenden fördernden Wissenschaft am Herzen liegt, die Bitte richten, sich nicht ein Urteil auf Grund von Worten zu bilden, ohne die Sache selbst geprüft zu haben.

Druck von Breitkopf & Härtel in Leipzig.

MIX
Papier aus verantwortungsvollen Quellen
Paper from responsible sources
FSC® C105338

If you have any concerns about our products,
you can contact us on
ProductSafety@springernature.com

In case Publisher is established outside the EU,
the EU authorized representative is:
Springer Nature Customer Service Center GmbH
Europaplatz 3, 69115 Heidelberg, Germany

Printed by Libri Plureos GmbH
in Hamburg, Germany